大学数学 基礎力養成

微分の教科書

丸井洋子 著

東京電機大学出版局

はじめに

　本書は「一変数の微分」に関する入門テキストです。すべてのページにわたり，なるべく飛躍のないように丁寧な解説を心掛けました。微分積分学の演習では「計算」が主たるテーマであり，さまざまな公式を用いて速やかに微分計算を行うことが要求されます。しかし，どんな条件のもとでその公式を使えるのか，あるいはどんな工夫をすれば公式を使えるようになるのか判断できるためには，公式の導き方を理解している必要があります。本書では必要に応じて証明を後回しにして，先に計算例を示しましたが，読者は是非，自力で公式を導いて数学を「創る」喜びを味わってください。

　本書は4章からなっています。第1章では「数列・関数の極限値」に関して述べました。「補足」として「$\varepsilon - \delta$」論法について触れています。この内容も含めて第1章は導入の章にしては難解に感じられるかもしれません。そのため，早く微分の内容を知りたいと思われる読者は第2章から読み始めて，あとで第1章に戻って頂いても構いません。第2章・第3章では，合成関数の微分をもとにしていろいろな微分計算を行います。第4章では「微分の応用」として，グラフの凹凸・テイラー展開・マクローリン展開・ライプニッツの公式について述べました。三角関数や指数関数が，多項式および無限級数と結びつくことに新鮮さを味わわれるでしょう。この章での計算は複雑ですので，繰り返し練習してください。

　なお，姉妹本として『大学数学　基礎力養成　微分の問題集』を用意いたしました。本書の例題・練習問題に関連した多くの類題のほかに，特にグラフの問題は豊富に揃えましたので，併せて活用してください。

　最後に本書の編集・校正に関してお世話になった東京電機大学出版局の吉田拓歩氏に，心から感謝申し上げます。

2017年10月　　　　　　　　　　　　　　　　　　　　丸井　洋子

第 1 章

数列・関数の極限値

1.1　数列の極限値

　微分積分学の学習を始めるにあたって，まず，「数」についておさらいしておきましょう。わたしたちが日常，物の個数や順序を表すときに用いる自然数のほかに，整数，有理数，無理数とよばれる数があります。

自然数　1，2，3，……

整　数　0，±1，±2，±3，……

有理数　$\dfrac{1}{2}$，$-\dfrac{2}{3}$ などの $\dfrac{m}{n}$ （m，n は整数かつ $n\neq0$）の形で表される数

　ここで，有理数は

$$\frac{1}{2}=0.5,\quad \frac{3}{7}=0.4285714285714\cdots=0.\dot{4}2857\dot{1}$$

のような有限小数や循環小数で表されます。

循環する部分の最初と最後の数字の上に $\cdot$ をつけて表す。

無理数　循環しない無限小数；$\sqrt{2}=1.4142135\cdots$，$\pi=3.141592\cdots$ など

実　数　有理数または無理数

　これらの数の包含関係は右図のようになっています。実数とは，有限小数または無限小数で表される数であるといえます。

　違和感を覚えるかもしれませんが

$$0.9999\cdots=1$$

とみなします。こう考えると

$$0.3333\cdots=\frac{1}{3}$$

という計算が可能になるのです。

　実数は，数直線上の点としても表現できます。

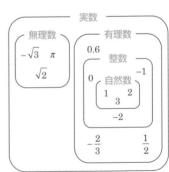

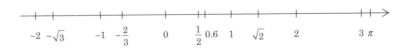

　さきほど，$0.9999\cdots=1$ と書きました。これは順序づけられた数の列（数列）：0.9，0.99，0.999，0.9999，$\cdots$ の近づく先が1であると考えられます。

　一般に，数列 $\{a_n\}$ とは，実数を

$$a_1,\quad a_2,\quad a_3,\quad \cdots,\quad a_n,\quad \cdots$$

のように並べたものと定義します。たとえば，数列

$$a_1=\frac{1}{2},\quad a_2=\frac{1}{2^2},\quad a_3=\frac{1}{2^3},\quad \cdots,\quad a_n=\frac{1}{2^n},\quad \cdots$$

は，n が限りなく大きくなると，a_n は限りなく0に近づくことがわかります。

　では，数列 $\{a_n\}$ の極限値を定義しましょう。

定義 1.1　数列の極限値

　数列 $\{a_n\}$ について，n を限りなく大きくするとき，a_n の値がある一定の値に限りなく近づくならば，数列 $\{a_n\}$ は a に収束するといい，a をその数列の極限値といって

$$\lim_{n\to\infty} a_n = a，\quad または a_n \to a\,(n\to\infty)$$

と書く。

　上に述べた数列 $\{a_n\}$ の場合，$a_n=\dfrac{1}{2^n}$ で，$\displaystyle\lim_{n\to\infty} a_n = \lim_{n\to\infty}\frac{1}{2^n}=0$ となります。つまり，この数列は0に収束するのです。また，別の数列 $\{b_n\}$ として，$b_n=\dfrac{1}{(-2)^n}$ とすると，

$\displaystyle\lim_{n\to\infty} b_n = \lim_{n\to\infty}\frac{1}{(-2)^n}=0$ となり，やはり0に収束します。しかし，$\{a_n\}$ と $\{b_n\}$ は，収束のしかたが違うのです。

$\lim_{n\to\infty} a_n = 0$, $\lim_{n\to\infty} b_n = 0$ ですが，$\{a_n\}$ は数値線上を左へ左へと0に近づき，数列 $\{b_n\}$ は0の前後を振動しながら0に近づくことがわかります。

これらの数列 $\{a_n\}$, $\{b_n\}$ は，どちらも0に収束することがすぐにわかりますが，もっと複雑な n の式で表される数列の極限値について考えてみましょう。たとえば

$$\lim_{n\to\infty} \frac{n^3+4}{2n^3+7n}$$

などは，どのようにして極限値を求めるのでしょうか？

これは実は，分母と分子をともに n^3 で割って

$$\frac{n^3+4}{2n^3+7n} = \frac{1+\dfrac{4}{n^3}}{2+\dfrac{7}{n^2}}$$

と変形し，$n\to\infty$ とすると極限値は $\dfrac{1+0}{2+0}$，すなわち $\dfrac{1}{2}$ であることがわかります。

例題 1

次の数列 $\{a_n\}$ の極限値を求めよ。

① $\dfrac{3n^2+n+5}{n^2+3n+4}$ 　　② $\dfrac{1+2+3+\cdots+n}{n^2}$ 　　③ $\sqrt{n+1}-\sqrt{n}$

解き方

① $\dfrac{3n^2+n+5}{n^2+3n+4} = \dfrac{3+\dfrac{1}{n}+\dfrac{5}{n^2}}{1+\dfrac{3}{n}+\dfrac{4}{n^2}}$

$n\to\infty$ とすると極限値は $\boxed{}_{ア}$。

② $1+2+3+\cdots+n = \dfrac{n(n+1)}{2}$ より

$\dfrac{1+2+3+\cdots+n}{n^2} = \dfrac{n(n+1)}{2n^2} = \dfrac{n+1}{2n} = \dfrac{\boxed{}_{イ}}{2}$

$n\to\infty$ とすると極限値は $\boxed{}_{ウ}$。

③　$\sqrt{n+1}-\sqrt{n}=\dfrac{\left(\sqrt{n+1}-\sqrt{n}\right)\left(\sqrt{n+1}+\sqrt{n}\right)}{\sqrt{n+1}+\sqrt{n}}=\dfrac{(n+1)-n}{\sqrt{n+1}+\sqrt{n}}$

$\qquad\qquad\qquad=\boxed{}_{\text{エ}}$

$n\to\infty$ とすると極限値は $\boxed{}_{\text{オ}}$。

　例題 ① の③で，$\sqrt{n+1}-\sqrt{n}=\dfrac{\left(\sqrt{n+1}-\sqrt{n}\right)\left(\sqrt{n+1}+\sqrt{n}\right)}{\sqrt{n+1}+\sqrt{n}}$ と変形しましたね。この変形を，分子の有理化といいます。

　ところで，読者は 定義1.1 の中の「限りなく」という表現にあいまいさを感じませんでしたか？　実は，数列の収束について厳密に議論するためには，「$\varepsilon-\delta$（イプシロン－デルタ）論法」とよばれるものを用いた定義（21ページ 定義1.1′ ）が必要になってくるのです。この $\varepsilon-\delta$ 論法は，厳密ではあるものの，直観的に明らかな内容をひどく難しく表現してしまい，理解が困難になるという難点があるのです。

　そのため，以後この $\varepsilon-\delta$ 論法に関連のある箇所についてはすべて※の記号をつけましたので，興味ある読者は第1章の21ページ以降の該当する部分を読んでください。

　次に，数列 $\left\{(-1)^n\right\}$ は収束するかどうか考えてみましょう。この数列は

$\qquad -1,\ 1,\ -1,\ 1,\ -1,\ \cdots$

となり，-1 と 1 とが交互に現れ収束しません。このような数列は振動するといいます。

　収束しない数列は「発散する」といいます。たとえば $a_n=2^n$ で表される数列は，n が限りなく大きくなると，その値も限りなく大きくなります。

定義1.2※　**数列の発散**　※23ページ 定義1.2′ **参照**

　数列 $\{a_n\}$ において，n が限りなく大きくなるとき，a_n が限りなく大きくなるならば，$\{a_n\}$ は無限大に発散するといい

$\qquad \lim_{n\to\infty} a_n=\infty \quad$ または $\quad a_n\to\infty\ (n\to\infty)$

と書く。同様に a_n が限りなく小さくなるとき

$\qquad \lim_{n\to\infty} a_n=-\infty \quad$ または $\quad a_n\to-\infty\ (n\to\infty)$

と書く。

例1　$a_n = 2^n$ のとき $\lim_{n \to \infty} 2^n = \infty$

例2　$a_n = -n^2$ のとき $\lim_{n \to \infty} (-n^2) = -\infty$

収束する数列 $\{a_n\}$ と $\{b_n\}$ に対して次が成立します。

定理 1.1 ※

数列 $\{a_n\}$, $\{b_n\}$ は収束し，$\lim_{n \to \infty} a_n = a$，$\lim_{n \to \infty} b_n = b$ とする。

（ⅰ）$\lim_{n \to \infty} (a_n \pm b_n) = a \pm b$

（ⅱ）$\lim_{n \to \infty} a_n b_n = ab$

（ⅲ）$b \neq 0$ ならば $\lim_{n \to \infty} \dfrac{a_n}{b_n} = \dfrac{a}{b}$

（ⅳ）$a_n \leqq b_n \, (n = 1,\ 2,\ \cdots)$ ならば $a \leqq b$

（ⅴ）※ $a_n \leqq c_n \leqq b_n \, (n = 1,\ 2,\ \cdots)$ で $\lim_{n \to \infty} a_n = \lim_{n \to \infty} b_n = a$

　　　ならば $\lim_{n \to \infty} c_n = a$（はさみうちの原理）※24ページ「定理1.1（ⅴ）再」参照

ここで，（ⅳ）は $a_n < b_n$ であっても成立する場合があります。たとえば

$$a_n = 0 \quad (n = 1,\ 2,\ \cdots), \quad b_n = \frac{1}{n} \quad (n = 1,\ 2,\ \cdots)$$

のとき $a_n < b_n \, (n = 1,\ 2,\ \cdots)$ ですが

$$\lim_{n \to \infty} a_n = \lim_{n \to \infty} b_n = 0$$

となります。

　ここからは発展的な内容なので，先を急がれる読者は1.2節（14ページ）までとばしてもかまいません。

　与えられた数列 $\{a_n\}$ が収束するかどうかを判定することは一般には難しいのです。しかし，有用な定理がありますので，いくつか言葉の準備をしたあとでその定理を述べることにします。

　数列 $\{a_n\}$ で任意の n について $a_n < a_{n+1}$ が成り立つならば，数列 $\{a_n\}$ は狭義の単調

増加数列であるといい，また$a_n > a_{n+1}$ならば狭義の単調減少数列であるといいます。また，常に$a_n \leq a_{n+1}$のときに広義の単調増加数列，$a_n \geq a_{n+1}$のときに広義の単調減少数列といいます。単調増加数列と単調減少数列を合わせて単調数列といいます。

たとえば，$a_n = 2^n$は狭義の単調増加数列，$a_n = \dfrac{1}{2^n}$は狭義の単調減少数列です。

定義 1.3※　上に有界・下に有界

Sを実数の部分集合とする。Sに属する任意の数xに対して，常に$x \leq a$となるような実数aが存在するとき，Sは上に有界であるという。また，常に$x \geq a$となるような実数aが存在するとき，Sは下に有界であるという。Sが上にも下にも有界なとき，単にSは有界であるという。

定義1.3で，a自身はSに属していなくてもよいことに注意してください。なお，実数の部分集合Sに対して，「aがSの最大値である」とは「$a \in S$かつ"$x \in S$ならば$x \leq a$"が成立すること」をいいます。

たとえば，一般項が$a_n = 1 - \dfrac{1}{2^n}$で与えられる数列は最大値が$\dfrac{1}{2}$であって上に有界です。一方で，nが大きくなると，a_nはいくらでも0に近づきますので最小値はないのです。しかし，$a_n > 0$ですから下に有界であるといえます。

ではいよいよ，数列が収束するための十分条件である，次の定理を紹介しましょう。

定理 1.2※　※25ページ 定理1.2（再）参照

数列$\{a_n\}$が（広義）単調増加かつ上に有界ならば収束する。また数列$\{a_n\}$が（広義）単調減少かつ下に有界ならば収束する。

定理1.2を証明するのは難しいので，興味をもたれた読者は25ページを読んでください。今はこの定理を認めて使います。

さて，次の数列$\{a_n\}$は収束するのでしょうか？

$$a_n = \left(1 + \frac{1}{n}\right)^n$$

ためしに，$n=1, 2, 3, 4, 5$ のときを計算してみましょう。

$$1 + \frac{1}{n} = \frac{n+1}{n}$$

ですから

$$a_1 = \left(1 + \frac{1}{1}\right)^1 = 2^1 = 2$$

$$a_2 = \left(1 + \frac{1}{2}\right)^2 = \left(\frac{3}{2}\right)^2 = \frac{9}{4} = 2.25$$

$$a_3 = \left(1 + \frac{1}{3}\right)^3 = \left(\frac{4}{3}\right)^3 = \frac{64}{27} = 2.370370\cdots$$

$$a_4 = \left(1 + \frac{1}{4}\right)^4 = \left(\frac{5}{4}\right)^4 = \frac{625}{256} = 2.44140625$$

$$a_5 = \left(1 + \frac{1}{5}\right)^5 = \left(\frac{6}{5}\right)^5 = \frac{7776}{3125} = 2.48832$$

これらの結果から，$\{a_n\}$ は単調増加数列であると推測されますね。では，それを二項定理を用いてきちんと示してみましょう。二項定理とは何だったか覚えていますか？たとえば，$(x+y)^n$ を展開すると

$$(x+y)^n = {}_nC_0 x^n + {}_nC_1 x^{n-1}y + {}_nC_2 x^{n-2}y^2$$
$$+ \cdots + {}_nC_k x^{n-k}y^k + \cdots + {}_nC_{n-1}xy^{n-1} + {}_nC_n y^n$$

となるのでしたね。なお，右辺は，Σ（シグマ）記号を用いると $\displaystyle\sum_{k=0}^{n} {}_nC_k x^{n-k}y^k$ と簡潔に表すことができます。上の展開公式を二項定理といい，各項の係数 ${}_nC_0$, ${}_nC_1$, $\cdots$, ${}_nC_k$, $\cdots$, ${}_nC_n$ を二項係数というのでした。

$${}_nC_0 = {}_nC_n = 1,$$
$${}_nC_1 = n, \quad {}_nC_2 = \frac{n(n-1)}{2!}, \quad {}_nC_k = \frac{n(n-1)\cdots(n-k+1)}{k!}$$

ですが，これらの計算のしかたを忘れている，あるいは Σ 記号について知りたい読者は 10 〜 13 ページを読んでください。

$k!$ は1から k までのすべての自然数の積。

(1)　$\{a_n\}$ が単調増加数列であること。

$a_n \leqq a_{n+1}$ を示せばよい。二項定理より

$$a_n = \left(1 + \frac{1}{n}\right)^n = \sum_{k=0}^{n} {}_nC_k \left(\frac{1}{n}\right)^k$$

$$= 1 + n \cdot \frac{1}{n} + \frac{n(n-1)}{2!}\left(\frac{1}{n}\right)^2 + \cdots + \frac{n(n-1)\cdots(n-k+1)}{k!}\left(\frac{1}{n}\right)^k$$

$$+ \cdots + \frac{n(n-1)(n-2)\cdots 3 \cdot 2 \cdot 1}{n!}\left(\frac{1}{n}\right)^n$$

$$a_{n+1} = \left(1 + \frac{1}{n+1}\right)^{n+1} = \sum_{k=0}^{n+1} {}_{n+1}C_k \left(\frac{1}{n+1}\right)^k$$

$$= 1 + (n+1)\cdot\frac{1}{n+1} + \frac{(n+1)n}{2!}\cdot\left(\frac{1}{n+1}\right)^2 + \cdots + \frac{(n+1)n(n-1)\cdots(n-k+2)}{k!}\left(\frac{1}{n+1}\right)^k$$

$$+ \cdots + \frac{(n+1)n(n-1)\cdots 3 \cdot 2 \cdot 1}{(n+1)!}\left(\frac{1}{n+1}\right)^{n+1}$$

であって，$\{a_n\}$ と $\{a_{n+1}\}$ の第 k 項を比較すると

$${}_nC_k\left(\frac{1}{n}\right)^k = \frac{n(n-1)\cdots(n-k+1)}{k!}\left(\frac{1}{n}\right)^k = \frac{1}{k!}\left(1-\frac{1}{n}\right)\left(1-\frac{2}{n}\right)\cdots\left(1-\frac{k-1}{n}\right)$$

$${}_{n+1}C_k\left(\frac{1}{n+1}\right)^k = \frac{(n+1)n\cdots(n-k+2)}{k!}\left(\frac{1}{n+1}\right)^k = \frac{1}{k!}\left(1-\frac{1}{n+1}\right)\left(1-\frac{2}{n+1}\right)\cdots\left(1-\frac{k-1}{n+1}\right)$$

であって

$$1-\frac{1}{n} < 1-\frac{1}{n+1}, \quad 1-\frac{2}{n} < 1-\frac{2}{n+1}, \quad \cdots, \quad 1-\frac{k-1}{n} < 1-\frac{k-1}{n+1}$$

であるから

$${}_nC_k\left(\frac{1}{n}\right)^k < {}_{n+1}C_k\left(\frac{1}{n+1}\right)^k$$

　さらに，$\{a_{n+1}\}$ の項の数は $\{a_n\}$ よりも1つ多いので，$a_n \leqq a_{n+1}$ がいえた。ゆえに，$\{a_n\}$ は単調増加数列である。

(2)　$\{a_n\}$ が上に有界であること。

$$a_n = \left(1+\frac{1}{n}\right)^n = 1 + n\cdot\frac{1}{n} + \frac{n(n-1)}{2!}\left(\frac{1}{n}\right)^2 + \cdots + \frac{n(n-1)(n-2)\cdots3\cdot2\cdot1}{n!}\left(\frac{1}{n}\right)^n$$

$$= 1 + 1 + \frac{1}{2!}\left(1-\frac{1}{n}\right) + \frac{1}{3!}\left(1-\frac{1}{n}\right)\left(1-\frac{2}{n}\right) + \cdots$$

$$+ \frac{1}{n!}\left(1-\frac{1}{n}\right)\left(1-\frac{2}{n}\right)\left(1-\frac{3}{n}\right)\cdots\left(1-\frac{n-1}{n}\right)$$

$$\leq 1 + 1 + \frac{1}{2!} + \frac{1}{3!} + \frac{1}{4!} + \cdots + \frac{1}{n!}$$

$$< \underbrace{1 + 1 + \frac{1}{2} + \left(\frac{1}{2}\right)^2 + \cdots + \left(\frac{1}{2}\right)^{n-1}}_{} = 1 + \frac{1-\left(\frac{1}{2}\right)^n}{1-\frac{1}{2}} < 1 + \frac{1}{1-\frac{1}{2}} = 3$$

初項1，公比 $\frac{1}{2}$ の等比数列の n 項目までの和

であるから，$\{a_n\}$ は有界である。

　(1)，(2) より $\{a_n\}$ は単調増加かつ上に有界な数列であるから収束することが示されました。この数列の極限値を e と書き，自然対数の底といいます。

$$\lim_{n\to\infty}\left(1+\frac{1}{n}\right)^n = e$$

　e は無理数であり，数学の多くの場面で登場する重要な数です。では，e は一体どのくらいの値なのでしょうか？　8ページの $a_1 \sim a_5$ で具体的に計算しましたが

$$e = 2.71828\cdots$$

であることが知られています。4.3節（133ページ）で，この近似値を求める1つの方法を紹介するので，楽しみにしていてください。

☞ 二項定理 ══════════════════════════════

　8ページで登場した $(x+y)^n$ の展開式をもう一度書いてみます。

$$(x+y)^n = {}_nC_0 x^n + {}_nC_1 x^{n-1}y + {}_nC_2 x^{n-2}y^2$$
$$+ \cdots + {}_nC_k x^{n-k}y^k + \cdots + {}_nC_{n-1}xy^{n-1} + {}_nC_n y^n$$

ここで，$_nC_0 =_nC_n = 1$，$_nC_k = \dfrac{n(n-1)\cdots(n-k+1)}{k!}$ でした。

ずいぶん複雑な式でわかりにくいですね。こんなときは，n や k に具体的な値を入れて計算してみるとよいのです。

$n=2$ のとき　$_2C_0 =_2C_2 = 1$，$_2C_1 = \dfrac{2}{1!} = 2$ で

$$\left(x+y\right)^2 =_2C_0 x^2 +_2C_1 xy +_2C_2 y^2 = x^2 + 2xy + y^2$$

$n=3$ のとき　$_3C_0 =_3C_3 = 1$

$$_3C_1 = \dfrac{3}{1!} = 3,\quad _3C_2 = \dfrac{3\cdot2}{2!} = \dfrac{3\cdot2}{2\cdot1} = 3 \ で$$

$$\left(x+y\right)^3 =_3C_0 x^3 +_3C_1 x^2 y +_3C_2 xy^2 +_3C_3 y^3 = x^3 + 3x^2 y + 3xy^2 + y^3$$

となって，高校で学んだ $\left(x+y\right)^2$ や $\left(x+y\right)^3$ の展開式が現れますね。これらを暗記している人は多いでしょう。では，$\left(x+y\right)^4$ の展開式を書くことはできますか？　二項定理を用いると，$n=4$ のときですから

$$\left(x+y\right)^4 =_4C_0 x^4 +_4C_1 x^3 y +_4C_2 x^2 y^2 +_4C_3 xy^3 +_4C_4 y^4$$

で，$_4C_0 =_4C_4 = 1$，$_4C_1 = \dfrac{4}{1!} = 4$

$$_4C_2 = \dfrac{4\cdot3}{2!} = \dfrac{4\cdot3}{2\cdot1} = 6,\quad _4C_3 = \dfrac{4\cdot3\cdot2}{3!} = \dfrac{4\cdot3\cdot2}{3\cdot2\cdot1} = 4$$

となりますから，これらを上式の二項係数に代入して求める展開式を得ます。

$$\left(x+y\right)^4 = x^4 + 4x^3 y + 6x^2 y^2 + 4xy^3 + y^4$$

───────────────────────────────

ところで，$_3C_2$ や $_4C_2$ といった二項係数にはどんな意味があるのでしょうか？　実は $_nC_r$ という記号には

「同じものが n 個あるとき，その中から r 個選ぶ方法の数」

という意味があるのです。このことを，$\left(x+y\right)^3$ の展開式を用いて説明しましょう。

$$\left(x+y\right)^3 = \left(x+y\right)\left(x+y\right)\left(x+y\right)$$

ですが，右辺の 3 つのかっこの中の x, y を色分けしてみます。

$$(x+y)(x+y)(x+y)$$
$$= (xx+xy+yx+yy)(x+y)$$
$$= xxx+xyx+yxx+yyx+xxy+xyy+yxy+yyy$$
$$= xxx+(xyx+yxx+xxy)+(yyx+xyy+yxy)+yyy$$
$$= \quad x^3 \quad + \quad 3x^2y \quad + \quad 3xy^2 \quad + \quad y^3$$

x^3の係数は1ですが，これは3つのかっこの中から，xとxとxを選んで掛け合わせたときに限りx^3の項をつくることができる，つまり「x^3の項をつくる方法は1つしかない」ことを意味しています。

次に，x^2yの係数は3ですが，これは3つのかっこの中からyかyかyのどれか1つを選び，あとの2つのかっこの中からはxという文字を選んで掛け合わせるとつくれる，そしてその方法の数が3通りあることを示しています。

さらに，xy^2の係数は3ですが，これは3つのかっこの中の2つからはy，あとの1つのかっこからxという文字を選んで掛け合わせるとつくれる，そしてその方法の数が3通りあることを示しています。

最後のy^3の係数は1ですが，これはすべてのかっこの中からyとyとyを選んで掛け合わせてy^3の項をつくることができ，かつその方法は1つしかないことをいっているのです。

では，3つのかっこの中から，yをいくつ選ぶかということに注目して二項係数を考えてみましょう。

x^3の係数：yを1つも選ばない，つまり3つのかっこの中からyを0個選ぶ方法の数ですから

$$_3C_0 = 1$$

より，x^3の係数は1となります。

x^2yの係数：yを1つ選ぶ，つまり3つのかっこの中からyを1個選ぶ方法の数ですから

$$_3C_1 = 3$$

より，x^2yの係数は3となります。

xy^2の係数：yを2つ選ぶ，つまり3つのかっこの中からyを2個選ぶ方法の数ですから

$$_3C_2 = 3$$

より，x^2yの係数は3となります。

y^3の係数：yを3つ選ぶ，つまり3つのかっこの中からyを3個選ぶ方法の数ですから

$$_3C_3 = 1$$

より，y^3の係数は1となります。

また，$_3C_1 = {}_3C_2 = 3$ ですが，これは「3つの中から1つ選ぶ方法の数」=「3つの中から2つ余らせる方法の数」ですから等しくなります。一般に

$$_nC_r = {}_nC_{n-r}$$

が成立します。このため二項係数は，展開式において対称になります。たとえば

$$(x+y)^4 = x^4 + 4x^3y + 6x^2y^2 + 4xy^3 + y^4$$

で，右辺の二項係数は 1, 4, 6, 4, 1 と左から見ても右から見ても同じ順で並びます。

☞ Σ（シグマ）記号 ══════════════════════

Σ記号とは，和を表す記号です。たとえば，和

$$1 + 2 + 3 + \cdots\cdots + n$$

をΣ記号を用いると

$$\sum_{k=1}^{n} k$$

と簡潔に表すことができます。Σの右の k に，$k=1$ から $k=n$ までを代入し，それらを + でつないだもので，1から n までの総和を表します。同様に

$$\sum_{k=1}^{n} k^2 = 1^2 + 2^2 + 3^2 + \cdots + n^2$$

となります。では，二項定理のΣ記号を用いた表現

$$\sum_{k=0}^{n} {}_nC_k x^{n-k} y^k$$

を詳しく見てみましょう。n はそのままで，k を0から n まで動かして和をとるので

$$\sum_{k=0}^{n} {}_nC_k x^{n-k} y^k$$
$$= {}_nC_0 x^{n-0}y^0 + {}_nC_1 x^{n-1}y^1 + {}_nC_2 x^{n-2}y^2 + \cdots + {}_nC_{n-1} x^{n-(n-1)}y^{n-1} + {}_nC_n x^{n-n}y^n$$

と順に項を書いて，$y^0 = 1$ ですから，下式となります。

$$\sum_{k=0}^{n} {}_nC_k x^{n-k} y^k$$
$$= {}_nC_0 x^n + {}_nC_1 x^{n-1}y + {}_nC_2 x^{n-2}y^2 + \cdots + {}_nC_{n-1} xy^{n-1} + {}_nC_n y^n$$

1.2　関数の極限値

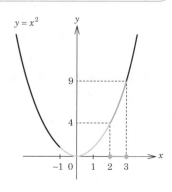

　数から数への対応を関数とよび，たとえば，2次関数 $y = x^2$ を考えると，$x = 1$ のときは $y = 1^2 = 1$，$x = -3$ のときは $y = (-3)^2 = 9$ であり，x に対して y がただ1つ決まります。このような対応を一般には $y = f(x)$ と書き，x を独立変数，y を従属変数といいます。さらに，独立変数のとる値の範囲を定義域といい，それに対応して従属変数 y のとる値の範囲を値域といいます。

　$y = x^2$ では定義域と値域は

$$2 \leqq x \leqq 3 \quad \text{ならば} \quad 4 \leqq y \leqq 9$$
$$-1 < x \leqq 2 \quad \text{ならば} \quad 0 \leqq y \leqq 4$$

となります。それぞれグラフの青色，水色部分を見てください。また，$-1 < x \leqq 2$ 範囲での値域は，$x = -1$ のときの y の値 $(-1)^2 = 1$ と，$x = 2$ のときの y の値 $2^2 = 4$ から，「$1 < y \leqq 4$」としてしまわないように注意しましょう。

　定義域 $2 \leqq x \leqq 3$，$-1 < x \leqq 2$ を記号 D を用いて

$$D = [2,\ 3],\ (-1,\ 2]$$

と書き，x がすべての実数をとるとき（定義域がすべての実数のとき），$D = (-\infty,\ \infty)$ と書きます。[　] を閉区間，(　) を開区間，(　] や [　) を半開区間といいます。

　関数 $y = \dfrac{1}{x^2}$ のグラフを考えると，$x = 0$ のときの y の値は分母が0になり求めることができません。このようなとき，関数 y は $x = 0$ で定義されていないといいます。グラフは $x = 0$ でいったん途切れ，不連続となります。

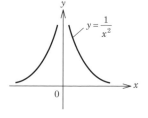

　D を実数の集合とします。定義域 D の任意の2つの数 x_1，$x_2 (x_1 < x_2)$ に対して $f(x_1) \leqq f(x_2)$ が成立するとき，f は D で広義の単調増加関数であるといいます。また，$f(x_1) < f(x_2)$ のとき，狭義の単調増加関数であるといいます。不等号の向きを逆にして，$f(x_1) \geqq f(x_2)$ および，$f(x_1) > f(x_2)$ のとき，それぞれ広義および狭義の単調減少関数が同様に定義されます。

　$y = x^2$ のグラフは $1 \leqq x \leqq 3$ では，$x_1 < x_2$ ならば常に $f(x_1) < f(x_2)$ なので狭義の単調増加関数ですが，$-1 \leqq x \leqq 3$ では $f(-1) > f(0)$ なので単調増加ではありません。単調増加

とは，直観的にはグラフが下がらないことです。

次に，関数の極限値について考えましょう。

2次関数$y=x^2+1$の，$x=1$の近くでのyのようすを調べましょう。右図から，xが1以外から1に近づくとき，yは2に近づくことがわかります。これを「$f(x)$の$x\to1$としたときの極限値は2である」といって

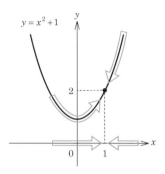

$$\lim_{x\to1}f(x)=2 \quad\text{または}\quad \lim_{x\to1}(x^2+1)=2$$

と書きます。xが1の左側から1に近づいても，右側から近づいても，yの値は2に近づきますね。

では，関数$y=g(x)=\dfrac{(x^2+1)(x-1)}{x-1}$で$x\to1$としたときの極限値を考えてみましょう。

この関数は$x\neq1$ならば$y=x^2+1$であり，「xが1以外から1に近づくとき」の極限値はやはり2なので

$$\lim_{x\to1}g(x)=2$$

なのです。奇異に感じられるかもしれませんね。読者は$g(1)$について考えたのではないでしょうか？　関数$y=g(x)$は$x=1$のときに分母が0になってしまいます。つまり，$g(x)$は$x=1$では定義されていないのです。$\lim\limits_{x\to1}g(x)\neq g(1)$であることに注意しましょう。$x\to1$とは「$x$が$x=1$以外の値をとりながら1に近づく」と考えてください。では，関数の極限値の定義について述べましょう。

定義 1.4※　関数の極限値

　関数$y=f(x)$が$x=x_0$の近くで定義されていて（x_0では定義されていなくてもよい），xがx_0に限りなく近づくとき，$f(x)$の値がある数Aに限りなく近づくならば，関数$f(x)$はAに収束するという。またその値Aを，$x\to x_0$のときの極限値といい
$$\lim_{x\to x_0}f(x)=A \quad\text{または}\quad f(x)\to A(x\to x_0)$$
と書く。

$f(x_0)=A$となるとは限らないことに注意しましょう。

例1　$\displaystyle\lim_{x\to 2}x^2=4,\quad \lim_{x\to 2}\sqrt{x+3}=\sqrt{5}$

例2　$\displaystyle\lim_{x\to 2}\frac{x^2-4}{x-2}$ は $x\ne 2$ のとき $\dfrac{x^2-4}{x-2}=\dfrac{(x+2)(x-2)}{x-2}=x+2$ より

$\displaystyle\lim_{x\to 2}\frac{x^2-4}{x-2}=\lim_{x\to 2}(x+2)=4$

例 題 2

次の極限値を求めよ。

① $\displaystyle\lim_{x\to 1}(x^2+2)$　　② $\displaystyle\lim_{x\to 0}\frac{x^2+5x}{2x}$　　③ $\displaystyle\lim_{x\to 2}\frac{x^2-3x+2}{x-2}$

解き方

① $\displaystyle\lim_{x\to 1}x^2=1$ より $\displaystyle\lim_{x\to 1}(x^2+2)=$ 〔 ア 〕

② $\displaystyle\lim_{x\to 0}\frac{x^2+5x}{2x}=\lim_{x\to 0}\frac{\boxed{\text{イ}}}{2}=$ 〔 ウ 〕

③ $\displaystyle\lim_{x\to 0}\frac{x^2-3x+2}{x-2}=\lim_{x\to 0}\frac{(\boxed{\text{エ}})(x-2)}{x-2}=\lim_{x\to 0}(\boxed{\text{オ}})=$ 〔 カ 〕

数列のときと同様に，関数の極限値についても次の性質が成り立ちます。

定理 1.3　関数の極限値

関数 $f(x)$ と $g(x)$ が点 $x = x_0$ で極限値をもち，$\displaystyle\lim_{x \to x_0} f(x) = a$，$\displaystyle\lim_{x \to x_0} g(x) = b$ とすると次式が成り立つ。

（ⅰ）　$\displaystyle\lim_{x \to x_0} \{ f(x) \pm g(x) \} = a + b$

（ⅱ）　$\displaystyle\lim_{x \to x_0} f(x) g(x) = ab$

（ⅲ）　$\displaystyle\lim_{x \to x_0} \frac{g(x)}{f(x)} = \frac{b}{a}$　$\left(f(x) \neq 0, \quad \displaystyle\lim_{x \to x_0} f(x) \neq 0 \right)$

（ⅳ）　$f(x) \leq g(x)$ ならば $\displaystyle\lim_{n \to x_0} f(x) \leq \lim_{x \to x_0} g(x)$ すなわち $a \leq b$

（ⅴ）　$f(x) \leq h(x) \leq g(x)$ で $\displaystyle\lim_{x \to x_0} f(x) = \lim_{x \to x_0} g(x)$ ならば

$\displaystyle\lim_{x \to x_0} f(x) = \lim_{x \to x_0} h(x) = \lim_{x \to x_0} g(x)$　（はさみうちの原理）

定理1.3 （ⅴ）を用いて，重要な性質

$$\lim_{x \to 0} \frac{\sin x}{x} = 1$$

を示してみましょう。

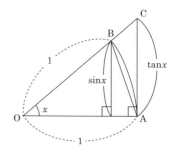

右図で，OA＝OB＝1，$\angle$AOB＝x とすると，面積について△OAB，扇形OAB，△OAC を比較して

$$\triangle \text{OAB} = \frac{1}{2} \times \text{OA} \times 高さ = \frac{1}{2} \sin x$$

$$扇形 \text{OAB} = \pi \times \frac{x}{2\pi} = \frac{1}{2} x$$

$$\triangle \text{OAC} = \frac{1}{2} \tan x$$

より，△OAB＜扇形OAB＜△OAC から

$$\frac{1}{2} \sin x < \frac{1}{2} x < \frac{1}{2} \tan x$$

ここで，各辺を $\dfrac{1}{2} \sin x \, (\sin x > 0)$ で割って

$$1 < \frac{x}{\sin x} < \frac{1}{\cos x}$$

逆数をとって

$$\cos x < \frac{\sin x}{x} < 1$$

$x \to 0$ とすると，$\displaystyle\lim_{x \to 0}\cos x = 1$，$\displaystyle\lim_{x \to 0}1 = 1$ よりはさみうちの原理から

$$\lim_{x \to 0}\frac{\sin x}{x} = 1$$

を得ます。

定理1.3 を用いて極限値を求める例を見てみましょう。

例1　$\displaystyle\lim_{x \to 1}\left(2x^3 + x - 5\right) = \lim_{x \to 1}2x^3 + \lim_{x \to 1}x - \lim_{x \to 1}5 = 2 + 1 - 5 = -2$

例2　$\displaystyle\lim_{x \to 1}3^x \sin \pi x = \lim_{x \to 1}3^x \cdot \lim_{x \to 1}\sin \pi x = 3\sin \pi = 3 \cdot 0 = 0$

例3　$\displaystyle\lim_{x \to 2}\frac{x-1}{x+3} = \frac{\displaystyle\lim_{x \to 2}\left(x-1\right)}{\displaystyle\lim_{x \to 2}\left(x+3\right)} = \frac{1}{5}$

例 題 ❸

次の極限値を求めよ。

① $\displaystyle\lim_{x \to 3}\left(x^2 - 3x + 4\right)$　　② $\displaystyle\lim_{x \to 0}\frac{\cos x \sin x}{x}$　　③ $\displaystyle\lim_{x \to 1}\frac{x^4 - 1}{x - 1}$

解き方

① $\displaystyle\lim_{x \to 3}\left(x^2 - 3x + 4\right) = \lim_{x \to 3}x^2 - \lim_{x \to 3}3x + \lim_{x \to 3}4 = \boxed{}_{ア}$

② $\displaystyle\lim_{x \to 0}\frac{\cos x \sin x}{x} = \lim_{x \to 0}\cos x \cdot \lim_{x \to 0}\frac{\sin x}{x} = \cos 0 \cdot \boxed{}_{イ} = \boxed{}_{ウ}$

③　$\displaystyle \lim_{x \to 1} \frac{x^4-1}{x-1} = \lim_{x \to 1} \frac{(x^2+1)(x+1)(x-1)}{x-1} = \lim_{x \to 1} \boxed{}_{\text{エ}} = \boxed{}_{\text{オ}}$

■

さて，次に $y = \dfrac{1}{x}$ のグラフを見てください。

右図のグラフから，x が限りなく大きくなるとき，y の値は限りなく0に近づくことがわかります。このことを

$$\lim_{n \to \infty} \frac{1}{x} = 0$$

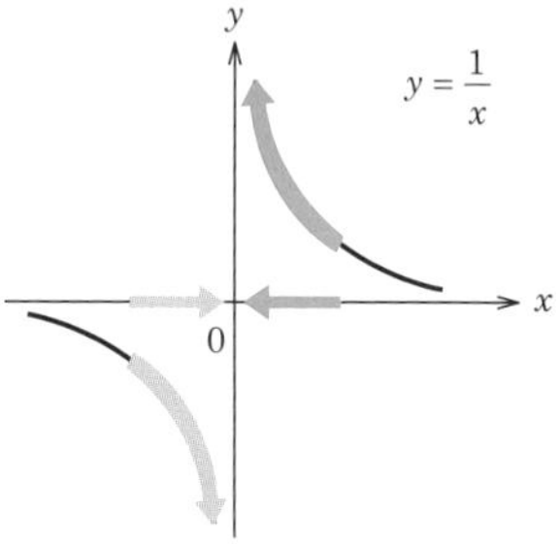

と書きます。同様に，x の値が負で，その絶対値が限りなく大きくなるときも，y の値は限りなく0に近づき，これを

$$\lim_{n \to -\infty} \frac{1}{x} = 0$$

と書きます。

次に，グラフの $x=0$ の近くでの様子を見てみましょう。上のグラフで，x が0へ近づくとき，濃い緑色の矢印のように右側から近づく場合と，薄い緑色の矢印のように左側から近づく場合の2通りあることがわかりますね。そして，右側から近づく場合は，y の値は限りなく大きくなります。これを

$$\lim_{x \to +0} \frac{1}{x} = \infty$$

と書きます。同様に左側から近づくときは

$$\lim_{x \to -0} \frac{1}{x} = -\infty$$

と書きます。

一般に，x が x_0 より大きい値をとりながら限りなく x_0 に近づくとき，$f(x)$ が数 A に限りなく近づくならば，A を $f(x)$ の x_0 における右側極限値といい

$$\lim_{x \to x_0+0} f(x) = A$$

と書きます。同様に，$f(x)$ の x_0 における左側極限値も定義され

$$\lim_{x \to x_0-0} f(x) = A$$

と書きます。$x_0 = 0$ のときは，単に $\lim_{x \to +0} f(x)$, $\lim_{x \to -0} f(x)$ と書きます。右側極限値と左側極限値を合わせて**片側極限値**といいます。

$$\lim_{x \to x_0+0} f(x) = A \text{ かつ } \lim_{x \to x_0-0} f(x) = A \text{ ならば } \lim_{x \to x_0} f(x) = A \text{ が成り立ちます。}$$

では，関数 $y = \dfrac{|x|}{x}$ の $x = 0$ における極限値について考えてみましょう。

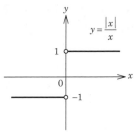

$$\lim_{x \to +0} \frac{|x|}{x} = \lim_{x \to +0} \frac{x}{x} = \lim_{x \to +0} 1 = 1$$

$$\lim_{x \to -0} \frac{|x|}{x} = \lim_{x \to -0} \frac{-x}{x} = \lim_{x \to -0} (-1) = -1$$

ですから，$\lim_{x \to 0} \dfrac{|x|}{x}$ は**存在しない**ことがわかりました。

　ここで，**関数の連続性**について述べましょう。関数が連続であるとは，直観的には，鉛筆を紙から離さずにグラフが描けることです。

定義 1.5[※]   **関数の連続性**

　関数 $f(x)$ が点 $x = x_0$ で**連続である**とは
$$\lim_{x \to x_0} f(x) = f(x_0)$$
が成立することである。

　$f(x)$ が区間 I で定義されていて，I の各点で連続であるとき，$f(x)$ は**区間 I で連続である**といいます。$I = [a, b]$ のときは，$f(x)$ が両端の点 $x = a$，$x = b$ で連続であることを

$$\lim_{x \to a+0} f(x) = f(a), \quad \lim_{x \to b-0} f(x) = f(b)$$

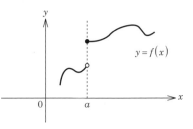

と考えるのが自然であり，f は $x = a$ で**右連続**である，$x = b$ で**左連続**であるといいます。

　下のグラフは $x = a$ で右連続ですが左連続ではない例です。

1.3　ε−δ 論法（補足）

　1.1，1.2節で登場した数列の極限値・関数の極限値・関数の連続性などの定義，そして諸定理は，ε−δ（イプシロン−デルタ）論法を用いると厳密に述べることができます。「限りなく」，「$n \to \infty$」，「近づく」といったあいまいさを避けることができ，定理の証明に適しているのがこの ε−δ 論法なのです。

　では，定義1.1 から順に（※）を付したものについて ε−δ 論法による定式化を紹介していきましょう。

定義 1.1（再）　数列の極限値

　数列 $\{a_n\}$ について，n を限りなく大きくするとき，a_n の値がある一定の値に限りなく近づくならば，数列 $\{a_n\}$ は a に収束するといい，a をその数列の極限値といって

$$\lim_{n \to \infty} a_n = a, \quad \text{または} \quad a_n \to a(n \to \infty)$$

と書く。

定義 1.1′　（ε−δ）

　数列 $\{a_n\}$ が a に収束するとは
　「任意の正の数 ε（イプシロン）に対して，ある自然数 N が存在して，$n > N$ ならば $|a_n - a| < ε$ が成立する」
　ことである。

　この 定義1.1′ の中に「限りなく近づく」や「$n \to \infty$」という表現は出てきていないことに注意してください。また「正の数 ε」は「正数 ε」や「ε > 0」とも書かれます。

　「任意の正の数 ε に対して」とは，「いくらでも小さい正数 ε に対して」という意味であり，この 定義1.1′ は「数列 $\{a_n\}$ が a に収束する」とは，「どんな小さな正の数 ε をとっても，その ε に対応してある番号 N が存在して，その番号から先の項では a_n と a との差 $|a_n - a|$ が常に ε より小さくなるようにできる」ことを主張しているのです。

$$|a_n - a| < ε \Leftrightarrow -ε < a_n - a < ε \Leftrightarrow a - ε < a_n < a + ε$$

であり，開区間 $(a-\varepsilon,\ a+\varepsilon)$ を ε − 近傍（イプシロン近傍）というのです。

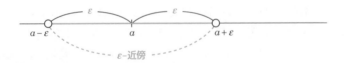

定義 1.1′ は，a のどのように小さい ε − 近傍 $(a-\varepsilon,\ a+\varepsilon)$ をとっても，ある番号 N より先の a_n がすべてこの近傍の中に入っていて，近傍の外には高々有限個の a_n しかないことを意味しています。

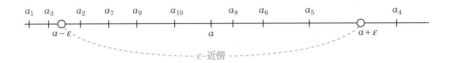

そしてこの定義によると「限りなく近づく」のではなく「限りなく近づけることができる」という表現が正しいのです。まず初めに ε を決め，あとで N を決めるのです。つまり，初めに a_n を a にどれほど近づけるのかを決め，それに対応して番号 N が決まり，N よりあとの番号の項 a_n については，「常に $a_n - a$ の差を ε より小さくすることができる」と主張しているのです。

では，この ε − δ 論法を用いて，$\displaystyle\lim_{n\to\infty}\frac{1}{2^n}=0$ であることを示してみましょう。

「任意の正の数 ε に対して，ある自然数 N が存在して，$n>N$ ならば常に $\left|\dfrac{1}{2^n}\right|<\varepsilon$ が成立する」ことを示せばよいのです。今，$2^n>0$ ですから絶対値記号が外せて

$$\frac{1}{2^N}<\varepsilon \Leftrightarrow \frac{1}{\varepsilon}<2^N$$

となり，この N を具体的に求めるのですが，両辺の底が2の対数をとると

$$\log_2\frac{1}{\varepsilon}<N\log_2 2=N$$

すなわち，$\log_2\dfrac{1}{\varepsilon}<N$ であるような自然数 N をとれば，$n>N$ である n に対して

$$a_n=\frac{1}{2^n}<\frac{1}{2^N}<\varepsilon$$

が成立することが示せました。不等式 $|a_N - a| < \varepsilon$ を解いて N を求めることにより，不等式を満たす番号 N が存在することを示すのが本質的なのです。

　この ε-δ 論法は厳密ではあるものの，直観的に明らかなことをひどく難しく表現するという難点があり，慣れるまでに時間がかかります。

　では，定義1.2（再）に進みましょう。

定義 1.2（再）　数列の発散

　数列 $\{a_n\}$ において，n が限りなく大きくなるとき，a_n が限りなく大きくなるならば，$\{a_n\}$ は無限大に発散するといい

$$\lim_{n\to\infty} a_n = \infty \quad \text{または} \quad a_n \to \infty \, (n \to \infty)$$

と書く。同様に a_n が限りなく小さくなるとき

$$\lim_{n\to\infty} a_n = -\infty \quad \text{または} \quad a_n \to -\infty \, (n \to \infty)$$

と書く。

定義 1.2′　$(\varepsilon$-$\delta)$

　数列 $\{a_n\}$ が無限大に発散するとは

　「任意の正の数 M に対して，ある自然数 N が存在して，$n > N$ ならば $a_n > M$ が成立する」

ことである。

　この定義の中にもやはり「∞」や「限りなく」という言葉は出てきませんね。

　「任意の正の数 M」というのは，「どんな大きな正の数 M をとっても」という気持ちが込められています。つまり，「どんな大きな正の数 M をとっても，ある番号 N が存在して，そこから先の項 a_n に対しては，常に a_n が M より大きくなる」ということなのです。

　収束する数列 $\{a_n\}$，$\{b_n\}$ に対して成立する 定理1.1 の (v) に関して，ε-δ 論法による証明を与えましょう。

定理 1.1(v) 再

数列 $\{a_n\}$, $\{b_n\}$ は収束するとする。

$a_n \le c_n \le b_n \, (n=1,\, 2,\, \cdots)$ で $\displaystyle\lim_{n\to\infty} a_n = \lim_{n\to\infty} b_n = a$

ならば $\displaystyle\lim_{n\to\infty} c_n = a$（はさみうちの原理）

　この定理は直観的には明らかでしょうが，厳密に証明するためには ε–δ 論法を用いなくてはなりません。そして，数列の極限値の 定義1.1′ を使って証明します。

　$\displaystyle\lim_{n\to\infty} a_n = \lim_{n\to\infty} b_n = a$ だから，数列 $\{a_n\}$, $\{b_n\}$ で，任意の正の数 ε に対して適当な N_1, N_2 が定まって

$\quad n > N_1$ のとき $|a_n - a| < \varepsilon$, $\quad n > N_2$ のとき $|b_n - a| < \varepsilon$ 　　　　　　… (1.1)

すなわち，$a - \varepsilon < a_n < a + \varepsilon$, $a - \varepsilon < b_n < a + \varepsilon$ が成り立ちます。ここで，N_1 と N_2 のうち大きいほうを $N\,(\max(N_1,\, N_2) = N$ と書く$)$ とすると，$n > N$ に対して式 (1.1) が成り立ち

$\quad a - \varepsilon < a_n \le c_n \le b_n < a + \varepsilon$

より

$\quad a - \varepsilon < c_n < a + \varepsilon$

を得ます。これは，任意の正数 ε に対して，N が存在して，$n > N$ ならば $|c_n - a| < \varepsilon$ となることを意味します。よって，$\displaystyle\lim_{n\to\infty} c_n = a$ であることが証明できました。

　このように，数列 $\{a_n\}$, $\{b_n\}$ の極限値の定義から証明が始まり，数列 $\{c_n\}$ の極限値の定義に到達して証明が終わるのです。そして，「ある番号 N をとることができる」というのが本質的なのです。

　数列 $\{a_n\}$ がどのようなときに収束するのか考察する前に，「有界」という言葉を定義しました。

定義 1.3（再）　上に有界・下に有界

S を実数の部分集合とする。S に属する任意の数 x に対して，常に $x \leqq a$ となるような実数 a が存在するとき，S は上に有界であるという。また，常に $x \geqq a$ となるような実数 a が存在するとき，S は下に有界であるという。S が上にも下にも有界なとき，単に S は有界であるという。

定義 1.3 で，$x \leqq a$ となる a のことを S の上界といいます。a より大きな任意の a' はまた S の上界となります。S に最小の上界 m が存在するとき，m を S の上限といいます。同様にして，S の下界と下限が定義されます。これらの言葉を用いると，S に上界と下界が同時に存在するとき，S は単に有界である，というのです。すなわち，「S が有界である」とは「$a < b$ である 2 つの数をとり，S に属するすべての数が，a と b との間にあるようにできる」ということです。

では上限や下限はいつでも存在するのでしょうか？　わたしたちは次の命題を公理として受け入れることにしましょう。

公理　上限・下限の存在定理

上に有界な集合には上限が存在し，下に有界な集合には下限が存在する。

この命題は実数（数直線）の連続性，すなわち切れ目のないことを表すものとして，証明なしに仮定されている，つまり公理として採用されているのです。

定理 1.2（再）

数列 $\{a_n\}$ が（広義）単調増加かつ上に有界ならば収束する。また，数列 $\{a_n\}$ が（広義）単調減少かつ下に有界ならば収束する。

上の公理で述べられているように，「上限の存在を仮定して」，定理 1.2 の前半「（広義）単調増加かつ上に有界な数列は収束する」ことを証明してみましょう。

$\{a_n\}$ は上に有界ですから上界が存在し，その上限を a とおきます。上限の定義から

　　1.　$a_n \leqq a\,(n=1,\,2,\,\cdots)$

　　2.　任意の正数 ε に対して，a よりも小さい $a-\varepsilon$ は上界では**ない**ので $a-\varepsilon<a_{n_0}$ を満
　　　　たす a_{n_0} がとれる。

の2つがいえます。今，$\{a_n\}$ は単調増加数列ですから，$n_0<n$ ならば $a_{n_0}\leqq a_n$ が成り立
ち，$n_0<n$ なるすべての n に対して

$$a-\varepsilon<a_{n_0}\leqq a_n<a<a+\varepsilon \quad \text{すなわち} \quad a-\varepsilon<a_n<a+\varepsilon$$

となります。すなわち，任意の正数 ε に対して，ある番号 n_0 が定まり，$n_0<n$ なるすべ
ての n に対して $|a_n-a|<\varepsilon$ が成り立ちます。したがって，数列 $\{a_n\}$ は a に収束するこ
とが証明されました。

　ここでも，数列の極限値の定義に戻って証明を終えましたね。後半の「(広義)単調減
少かつ下に有界な数列は収束する」ことも同様にして証明されます。

　では次に，1.2節で述べた関数の極限値の定義を $\varepsilon\text{-}\delta$ 論法で述べましょう。

定義 1.4（再）　関数の極限値

　関数 $y=f(x)$ が $x=x_0$ の近くで定義されていて（x_0 では定義されていなくてもよ
い），x が x_0 に限りなく近づくとき，$f(x)$ の値がある数 A に限りなく近づくならば，
関数 $f(x)$ は A に収束するという。またその値 A を，$x\to x_0$ のときの極限値といい

$$\lim_{x\to x_0} f(x)=A \quad \text{または} \quad f(x)\to A\,(x\to x_0)$$

と書く。

定義 1.4′　（$\varepsilon\text{-}\delta$）

　関数 $f(x)$ の点 x_0 における極限値が A であるとは
　「任意の正の数 ε に対して，ある正の数 δ（デルタ）が定まり，$0<|x-x_0|<\delta$ な
るすべての x に対して $|f(x)-A|<\varepsilon$ が成立する」
ことである。

数列の極限値の定義と同様，「限りなく」という表現は出てきませんね。

$$|x - x_0| < \delta \Leftrightarrow -\delta < x - x_0 < \delta \Leftrightarrow x_0 - \delta < x < x_0 + \delta$$

$$|f(x) - A| < \varepsilon \Leftrightarrow A - \varepsilon < f(x) < A + \varepsilon$$

より，次のような図を描くことができます。

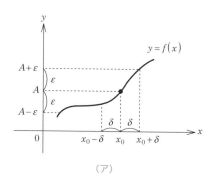
（ア）

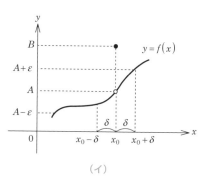
（イ）

定義1.4′ をよく読んでみましょう。

Aを中心とするどんな小さな開区間 $(A - \varepsilon, A + \varepsilon)$ をとっても，その $\varepsilon (>0)$ に対応して $\delta (>0)$ を小さくとれば，x_0 の δ-近傍 $(x_0 - \delta, x_0 + \delta)$ の $x \neq x_0$ である点 x の f の値 $f(x)$ が，$(A - \varepsilon, A + \varepsilon)$ の中に含まれていることを意味するのです。そして，最初の不等式 $0 < |x - x_0|$ は，$x = x_0$ では $f(x_0)$ の値が定義されていてもいなくてもどちらでもよく，さらにたとえ定義されていても，値 $f(x_0)$ は $(A - \varepsilon, A + \varepsilon)$ の中に含まれていても（図（ア）），いなくても（図（イ））よいのです。1.2節で述べたように，$x = x_0$ における $f(x)$ の極限値を考えるときは，x が x_0 に近づくときの $f(x)$ の値を調べるのであり，たとえ図（イ）のように $f(x_0) = B$ であっても，$f(x)$ の $x = x_0$ における極限値は A となるのです。つまり，図（ア），（イ）のいずれの場合も

$$\lim_{x \to x_0} f(x) = A$$

なのです。

では，図（ア）と（イ）の本質的な違いはどこでしょうか？　それは「連続であるか」どうかということなのです！　図（ア）は $x = x_0$ でグラフはつながっており，図（イ）はとぎれていますね。図（ア）では $\lim_{x \to x_0} f(x) = A = f(x_0)$，図（イ）では $\lim_{x \to x_0} f(x) = A \neq f(x_0)$ なのです。

定義 1.5（再）　**関数の連続性**

関数 $f(x)$ が点 $x = x_0$ で連続であるとは

$$\lim_{x \to x_0} f(x) = f(x_0)$$

が成立することである。

この 定義1.5 を読んだ後，もう一度図（ア），（イ）を見てください。

図（ア）は $\lim\limits_{x \to x_0} f(x) = A = f(x_0)$ より $x = x_0$ で連続です。

図（イ）は $\lim\limits_{x \to x_0} f(x) = A \neq B = f(x_0)$ より $x = x_0$ で連続ではないのです。

では，この 定義1.5 も ε–δ 論法で述べておきましょう。

定義 1.5′　$(\varepsilon - \delta)$

関数 $y = f(x)$ が点 $x = x_0$ で連続であるとは，$f(x)$ が x_0 のある近傍で定義されていて，
「任意の正の数 ε に対して，ある正の数 δ が存在して，$|x - x_0| < \delta$ なる x に対して常に $|f(x) - f(x_0)| < \varepsilon$ が成り立つこと」
である。

ここで最初の不等式が $0 < |x - x_0| < \delta$ ではないことに注意しましょう。

定義1.5′ は点 x_0 での関数の値 $f(x_0)$ に，x_0 の近傍での f の値が近いことをいっているのです。さらにグラフに切れ目がなく，x が x_0 から少し動いたとき，値 $f(x)$ も $f(x_0)$ から少し動くことを意味しています。

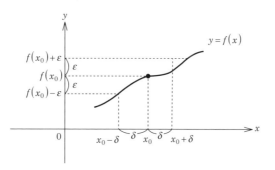

　関数 $f(x)$, $g(x)$ が $x=x_0$ で連続であるとき，$f(x) \pm g(x)$, $af(x)$, $f(x)g(x)$ も $x=x_0$ で連続です。$g(x_0) \neq 0$ のとき $\dfrac{f(x)}{g(x)}$ も $x=x_0$ で連続となります。ここで a は定数です。

　以上，1.1節と1.2節で登場した定義・定理を $\varepsilon-\delta$ 論法で述べてみました。直観的に当たり前の内容をきちんと証明するためには，厳密な定義を用いる必要があるのです。けれども本書ではこれ以上深く入り込まないので，興味をもたれた読者は，ぜひ専門的な数学書を参考にしてください。

第 2 章

関数の微分とグラフ

$$f'(x) = \lim_{h \to 0} \frac{f(x+h) - f(x)}{h}$$

2.1　関数のグラフと増減表

　本節では「微分係数」および「微分する」ということについて述べます。実はこれらについて述べるには多くのステップが必要なのですが，最初はあえて厳密な定義を与えずに，微分の目的の1つである関数のグラフを描くことを考えてみましょう。

　わたしたちは2次関数のグラフを，平方完成して頂点の座標を求めることにより描くことができます。たとえば

①　$y = x^2 + 6x + 5$ のグラフは　$y = (x+3)^2 - 4$ より頂点は $(-3,\ -4)$

②　$y = -x^2 - 4x + 1$ のグラフは　$y = -(x+2)^2 + 5$ より頂点は $(-2,\ 5)$

③　$y = 2x^2 - 8x + 9$ のグラフは　$y = 2(x-2)^2 + 1$ より頂点は $(2,\ 1)$

であって，これらはいずれも $y = x^2$ または $y = -x^2$ を平行移動，あるいは相似であるものです。

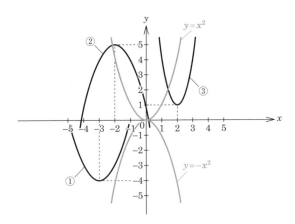

　では，3次関数
$$y = x^3 - 3x^2 - 9x + 12$$
のグラフを描くためには，どのようにすればよいのでしょうか？　2次関数のように平方完成して頂点の座標を求める，といった方法は使えそうにありませんね。

　もっと簡単な式で表される3次関数
$$y = x^3$$
を考えてみましょう。$x = -2,\ -1,\ 0,\ 1,\ 2,\ \cdots$ といった値を右辺に代入して次々に計算すると，$y = -8,\ -1,\ 0,\ 1,\ 8,\ \cdots$ であり，次のようなグラフになることが推測されます。

・原点を通り，原点に関してグラフは対称である。

・減少しない。

・最大値も最小値もない。

実際，コンピュータでこのグラフを描くと，右図のようになります。

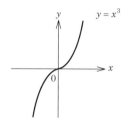

もちろんこれはグラフの概形に過ぎませんが，2次関数のグラフとは大きく異なりますね。

では，先ほどの3次関数 $y = x^3 - 3x^2 - 9x + 12$ のグラフも，これと似た形になるのでしょうか？　$y = x^3$ を平行移動すれば得られるのでしょうか？

グラフを描くときは

①　x の値が増加すれば，y の値も増加するのか？

②　x の値が増加すれば，y の値は減少するのか？

③　最大値・最小値はあるのか？

といった情報が必要です。

実はこれらの情報を集約した「増減表」とよばれる便利な表があるのです。少し先回りして，$y = x^3 - 3x^2 - 9x + 12$ のグラフと，その「増減表」を紹介しましょう。

なお，グラフは常に左から右へと x 座標が増加する向きに見てください。関数 $y = f(x)$ が増加関数であるというのは，x の値が増加すれば y の値も増加することを意味しています。減少関数とは x の値が増加すれば y の値は減少するということを意味します。

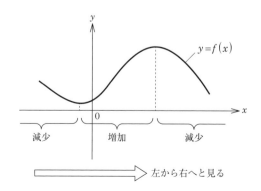

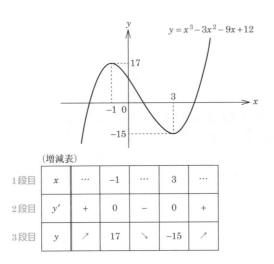

（増減表）

1段目	x	$\cdots$	-1	$\cdots$	3	$\cdots$
2段目	y'	$+$	0	$-$	0	$+$
3段目	y	↗	17	↘	-15	↗

　増減表を見てください。$y=x^3-3x^2-9x+12$のグラフを描くために必要な①，②，③の情報が書かれています。グラフを見ながら増減表の内容を理解していきましょう。

　まず，グラフは$x=-1$のところで，まわりよりも高くなり，値は17です。このような状態を「$x=17$で極大である」といい，そのときのyの値17を極大値といいます。このグラフは「$x=-1$で極大値17をとる」のです。同様に，「$x=3$で極小値-15をとる」のですね。これらの情報が，増減表の1段目と3段目に書かれています。極大値と極小値をあわせて極値といいますが，1段目には極値をとるxの値を，3段目にはそのときのyの値をそれぞれ書くのです。最大値と極大値とは異なることに注意してください。実際，このグラフは，xが3より大きい範囲では，いくらでも大きな値をとるので，最大値はないことがわかります。同様に，最小値と極小値とは異なることと，このグラフには最小値はないということも理解できますね。

　次に，3段目を見てください。2種類の矢印↗と↘があります。↗はグラフが増加していることを，↘は減少していることを表します。1段目の「$\cdots$」は左から順に「$x<-1$」，「$-1<x<3$」，「$3<x$」の範囲を表すのですが，3段目の矢印とともに見てみましょう。この関数のグラフは「$x<-1$」の範囲では増加し，「$-1<x<3$」の範囲では減少し，「$3<x$」の範囲では増加するのです。

　さらに，2段目と3段目の関連にも注目しましょう。「$+$」と「↗」，「$-$」と「↘」の記号

はそれぞれ連動しています。そして，「＋」から「−」に転ずるとき，「−」から「＋」へと転ずるときに，「0」を経由していることがわかります。

2段目の一番左の欄にかかれている「y'」という記号を見てください。このy'は一体何なのでしょうか？　yという記号が使われていることから考えて，関数$y = x^3 - 3x^2 - 9x + 12$に関係がありそうですね。まだ微分の定義を述べていないのですが，実は，「関数$y = x^3 - 3x^2 - 9x + 12$をxで微分するとy'になる」のであり，このy'をyの導関数というのです。

y'については今の段階では詳しくはわかりませんが，2段目を見ると ＋，0，− といった符号が並んでいるので，グラフの増減に関する情報を与えているのだということがわかりますね。

では，ここで視点を変えてみましょう。下図のように，グラフ上のいろいろな点で接線を引くことを考えます。

右図からわかるように，$x < -1$の範囲では右上がりの接線が引けて，$-1 < x < 3$では右下がり，$3 < x$では再び右上がりになっていて，グラフの増減と接線の傾きの正負が一致しています。さらに，$x = -1$および$x = 3$の極値では接線の傾きは0となっています。このように見てくると，増減表の2段目のy'はグラフ上の点における接線の傾きを与える関数であることがわかります。

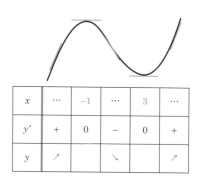

x	$\cdots$	-1	$\cdots$	3	$\cdots$
y'	$+$	0	$-$	0	$+$
y	$\nearrow$		$\searrow$		$\nearrow$

以上のことから，3次関数$y = x^3 - 3x^2 - 9x + 12$のグラフを描くためには

(1)　yをxで微分してy'を求める。

(2)　y'の符号を用いてグラフの増減を調べる。

(3)　極大値と極小値を求める。

といった手続きを踏めばよいことがわかりました。そして，この$(1) \to (2) \to (3)$の順に増減表を完成させていくのです。

ただ，そのためにはまずy'の求め方を知らねばなりません。y'はyの導関数であり，yをxで微分すると得られる関数です。つまり，「微分するとは導関数を求めること」なのです。

これから微分することについて，ステップを踏みながら学習していきましょう。

2.2　微分係数と導関数

　はじめに，「微分係数」について述べましょう。微分係数と微分とは異なります。た
だし，どちらも接線とは深い関係があります。

　すでに接線という言葉を使っていますが，そもそも接線とは何でしょうか？　あらた
めて定義しましょう。下図を見てください。

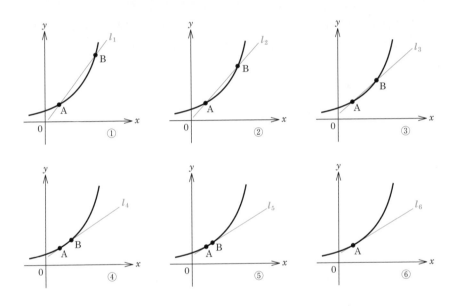

　座標平面上に描かれた曲線（グラフ）上の1点Aを選んで固定します。次に点Aから少
し離れたところに点Bをとります。点Aと点Bを通る直線をl（$l_1 \sim l_5$）としましょう。
点Aは固定したままで，点Bを曲線に沿って，しだいに点Aに近づけていくのですが，
このとき，①→②→③→④→⑤と順に見ていってください。$l_1 \to l_2 \to l_3 \to l_4 \to l_5$
と，直線の傾きが変化していくのがわかりますね。今，⑥のように，点Bを点Aに限り
なく近づけたときの直線l_6を，点Aにおける接線とよびます。

　ただし，ここで述べたことは直観的な内容なので，もう少し厳密に話を進めていきま
しょう。

具体例として2次関数 $y=x^2$ のグラフ上の点A$(1,\ 1)$における接線を考えましょう。

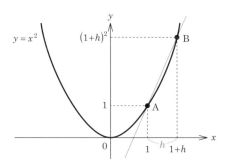

$y=x^2$ 上の点A$(1,\ 1)$は固定したままで，点Aから $h\ (>0)$ だけ離れたところに点Bをとります。点Bの座標は，$\left(1+h,\ (1+h)^2\right)$ と表されますね。

直線ABの傾きを求めると

$$\frac{y\text{の増加量}}{x\text{の増加量}}=\frac{(1+h)^2-1^2}{h}=\frac{2h+h^2}{h}=\frac{h(2+h)}{h}=2+h \qquad \cdots (2.1)$$

となります。当然ながら，h の値が変化すると直線ABの傾きも変わるのです。では，h をだんだん小さくしていきましょう。すると，グラフ上では点Bが点Aにしだいに近づいていくことがわかります。

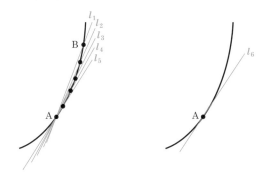

36ページの図①〜⑤で見たように，点Bを点Aに近づけていきます。そして，そのとき直線ABの傾きも少しずつ変化していきます。そして⑥のように，点Bを点Aに限りなく近づけたときの直線 l_6 を，点Aにおける接線といい，点Aをその接点というのです。

上述したように，点Bを点Aに近づけるとき，それにつれて h は小さくなっていきます。

　そこで，点Bを点Aに限りなく近づけるとき，言い換えればhを限りなく0に近づけるとき，その極限値を

$$\lim_{h \to 0}$$

と書くことにしましょう。

　式(2.1)の，一番右端の式，$2+h$において，$h \to 0$としてみると

$$\lim_{h \to 0}(2+h) = 2$$

ですね。つまり，点Aにおける接線の傾きは2なのです！

　これで，新しい言葉を紹介する準備ができました。今求めた，接線の傾きのことを$x=1$における微分係数といいます。きちんと書くと
「関数$y = x^2$上の$x = 1$における微分係数は2である」
となります。

　では次に，同じ関数$y = x^2$上の，$x = 2$における微分係数を求めてみましょう。すなわち$x = 2$における接線の傾きを求めてみましょう。

　点A$(2, 4)$として，Aから$h\,(>0)$だけ離れたところに点B$(2+h,\,(2+h)^2)$をとります。直線ABの傾きは

$$\frac{(2+h)^2 - 2^2}{h} = \frac{4h + h^2}{h} = 4 + h$$

であり，$h \to 0$としたときの極限値が接線の傾きなので

$$\lim_{h \to 0}(4+h) = 4$$

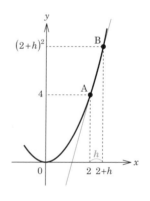

が求めるものであることがわかります。したがって，$y = x^2$上の$x = 2$における微分係数は4であるといえます。なお，ここでは$h > 0$としましたが，$h < 0$でもかまいません。

　同様にして，次の例題で，$x = 3$および$x = -1$における微分係数を求めてください。

例 題 1

2次関数 $y = x^2$ 上の $x = 3$ および $x = -1$ における微分係数を求めよ。

解き方 関数 $y = x^2$ 上の点 A$(3, 9)$，B$\left(3+h,\ \boxed{}\right)$ に対して，直線ABの傾きは

$$\frac{\left(\boxed{}\right)^2 - 3^2}{h} = \frac{\boxed{}}{h} = \boxed{}$$

であり，$h \to 0$ としたときの極限値は

$$\lim_{h \to 0}\left(\boxed{}\right) = \boxed{}$$

である。したがって，$x = 3$ における微分係数は $\boxed{}$ である。

また，点 C$(-1, 1)$，D$\left(-1+h,\ \boxed{}\right)$ に対して，直線CDの傾きは

$$\frac{\left(\boxed{}\right)^2 - 1^2}{h} = \frac{\boxed{}}{h} = \boxed{}$$

であり，$h \to 0$ としたときの極限値は

$$\lim_{h \to 0}\left(\boxed{}\right) = \boxed{}$$

である。したがって，$x = -1$ における微分係数は $\boxed{}$ である。

これまで，2次関数 $y = x^2$ 上の点 $x = 1, 2, 3, -1$ における微分係数を計算してきました。けれども，式 (2.1) と同様の計算を何度も行うのは面倒です。こうした計算は一般化しておくと便利です。$x = a$ における微分係数を求めましょう。

A(a, a^2)，B$\left(a+h, (a+h)^2\right)$ に対して直線AB の傾きは

$$\frac{\left(a+h\right)^2 - a^2}{h} = \frac{2ah + h^2}{h} = 2a + h$$

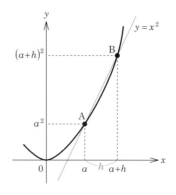

ここで$h \to 0$としたときの極限値を求めると

$$\lim_{h \to 0}(2a+h)=2a$$

となり，実際に$a=1, 2, 3, -1$を代入するとそれぞれの微分係数

$a=1$のとき　　　$2 \times 1 = 2$

$a=2$のとき　　　$2 \times 2 = 4$

$a=3$のとき　　　$2 \times 3 = 6$

$a=-1$のとき　　$2 \times (-1) = -2$

が得られます。

　関数$y=x^2$を$f(x)=x^2$と書くことにすると，このグラフ上の$x=a$における微分係数は$2a$であることがわかりました。このことを

$$f'(a)=2a$$

と書きます。この記号を用いると上の結果はそれぞれ

$$f'(1)=2, \quad f'(2)=4, \quad f'(3)=6, \quad f'(-1)=-2$$

と表せます。正確に述べておきましょう。

定義 2.1　微分係数

　関数$y=f(x)$において，$x=a$から$x=a+h$までの平均変化率（直線の傾き）は

$$\frac{f(a+h)-f(a)}{h}$$

で，$h \to 0$としたときの極限値

$$\lim_{h \to 0}\frac{f(a+h)-f(a)}{h}$$

を，$f(x)$の$x=a$における微分係数といい，$f'(a)$と書く。

つまり

$$f'(a)=\lim_{h \to 0}\frac{f(a+h)-f(a)}{h}$$

ということですね。

　なお，$y=x^2$において，$x=0$における微分係数は$f'(a)=2a$より$a=0$として

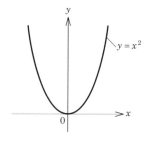

$$f'(0) = 2 \cdot 0 = 0$$

となります。これは傾き0の直線です。つまり $y = x^2$ の原点における接線は x 軸と重なることがわかります。

$x = a$ における微分係数 $f'(a)$ が存在するとき，関数 $f(x)$ は $x = a$ において微分可能であるといいます。

さて，$f'(a)$ の定義式

$$f'(a) = \lim_{h \to 0} \frac{f(a+h) - f(a)}{h}$$

において，a に代入する値は何でもよいので a を x と書き直して得られる x の関数

$$f'(x) = \lim_{h \to 0} \frac{f(x+h) - f(x)}{h}$$

を $f(x)$ の導関数といいます。そして，導関数を求めることを「微分する」というのです。

定義 2.2　導関数

ある区間内のすべての点において関数 $f(x)$ が微分可能であるとき，関数 $f(x)$ はその区間で微分可能という。このとき，区間内の x の値にその微分係数を対応させる関数を，$f(x)$ の導関数といい，$f'(x)$ と書く。

$$f'(x) = \lim_{h \to 0} \frac{f(x+h) - f(x)}{h}$$

関数 $f(x)$ の導関数を求めることを $f(x)$ を x で微分するという。

ここで，h は Δx（デルタ・エックス）という記号を用いて書かれることもあります。

$$f'(x) = \lim_{\Delta x \to 0} \frac{f(x + \Delta x) - f(x)}{\Delta x}$$

2次関数 $y = x^2$ については，$f(x) = x^2$ とすると

$$f'(x) = 2x$$

であり，「$y = x^2$ を x で微分すると $y' = 2x$ である」といえます。

また，2次関数 $y = x^2$ を定義にしたがって微分すると

$f(x) = x^2$ より

$$f'(x)=\lim_{h\to 0}\frac{f(x+h)-f(x)}{h}=\lim_{h\to 0}\frac{(x+h)^2-x^2}{h}=\lim_{h\to 0}(2x+h)=2x$$

となるのです。単に $\left(x^2\right)'=2x$ とも書きます。

では，定数関数 $y=k$（k は定数）を定義にしたがって微分してみましょう。

$f(x)=k$ より $f(x+h)=k$ だから

$$f'(x)=\lim_{h\to 0}\frac{f(x+h)-f(x)}{h}=\lim_{h\to 0}\frac{k-k}{h}=\lim_{h\to 0}\frac{0}{h}=0$$

となります。つまり，（定数 k）$'=0$ ですね。

次に，関数 $y=x$ を定義にしたがって微分しましょう。

$f(x)=x$ より

$$f'(x)=\lim_{h\to 0}\frac{f(x+h)-f(x)}{h}=\lim_{h\to 0}\frac{(x+h)-x}{h}=\lim_{h\to 0}\frac{h}{h}=\lim_{h\to 0}1=1$$

となります。つまり，$(x)'=1$ です。

$$(k)'=0,\ \ (x)'=1,\ \ \left(x^2\right)'=2x$$

とくれば，次は 3 次関数 $y=x^3$ を定義にしたがって微分することになりそうですね。

$f(x)=x^3$ として

$$f(x+h)=(x+h)^3=x^3+3x^2h+3xh^2+h^3$$

であることに注意して，次の例題をやってみましょう。

例 題 2

3次関数 $y=x^3$ を定義にしたがって微分せよ。

解き方 $f(x)=x^3$ として

$$f'(x)=\lim_{h\to 0}\frac{f(x+h)-f(x)}{h}=\lim_{h\to 0}\frac{(x+h)^3-x^3}{h}$$

$$=\lim_{h\to 0}\frac{\left(\boxed{}^{\ \ \mathcal{P}}\right)-x^3}{h}$$

$$= \lim_{h \to 0} \frac{\boxed{\qquad ィ \qquad}}{h} = \lim_{h \to 0} \left(\boxed{\qquad ウ \qquad} \right) = \boxed{\quad エ \quad}$$

この例題から $\left(x^3 \right)' = 3x^2$ であることがわかりました。

では，4次関数 $y = x^4$ を微分すると導関数はどんな式になるでしょうか？　定義にしたがって微分しようとすると $(x+h)^4$ の展開式が必要であることがわかりますね。

$$(x+h)^4 = x^4 + 4x^3 h + 6x^2 h^2 + 4xh^3 + h^4$$

となりますが，$f'(x)$ をあえてきちんと計算せずに，途中の式を追ってみましょう。

$f(x) = x^4$ として

$$f'(x) = \lim_{h \to 0} \frac{f(x+h) - f(x)}{h} = \lim_{h \to 0} \frac{(x+h)^4 - x^4}{h}$$

$$= \lim_{h \to 0} \frac{\left\{ (x+h)^4 \text{の展開式} \right\} - x^4}{h}$$

$$= \lim_{h \to 0} \frac{\left\{ h \text{について1次の項から4次の項} \right\}}{h}$$

$\leftarrow h$ で約分する

$$= \lim_{h \to 0} \left(4x^3 + h \text{のついた項} \right)$$

$$= 4x^3$$

ですから，$\left(x^4 \right)' = 4x^3$ であることがわかります。

$$\left(k \right)' = 0, \quad \left(x \right)' = 1, \quad \left(x^2 \right)' = 2x, \quad \left(x^3 \right)' = 3x^2, \quad \left(x^4 \right)' = 4x^3, \ \cdots$$

とここまでくれば，$\left(x^5 \right)' = 5x^4$ や $\left(x^6 \right)' = 6x^5$ であると推測するのも難しくないでしょう。一般に，0以上の整数 n に対して

$$\left(x^n \right)' = nx^{n-1}$$

となることが推測されます。

$\left(x^n \right)'$ を定義にしたがって計算してみましょう。$f(x) = x^n$ としたとき，$f(x+h) = (x+h)^n$ が展開できなければいけないので，二項定理を用意しておきます。8ページで紹介した $(x+y)^n$ の展開式で，$y = h$ とすると

$$(x+h)^n = {}_n C_0 x^n + {}_n C_1 x^{n-1} h + {}_n C_2 x^{n-2} h^2 + \cdots + {}_n C_{n-1} xh^{n-1} + {}_n C_n h^n$$

$$= x^n + nx^{n-1}h + \underbrace{\left[\frac{n(n-1)}{2!}x^{n-2}h^2 + \cdots\cdots + h^n\right]}_{h の2次以上の項}$$

　非常に複雑な式ですが，$f'(x)$ の計算で，分子の $f(x+h)-f(x)$ は先ほどの $y=x^4$ の場合で見たように，1項目の x^n とあとの $f(x)=x^n$ とが打ち消し合い，h のついた項だけが残ります。さらに分母の h と約分でき，そのあと $h\to0$ とすると，nx^{n-1} だけが残ることがわかります。実際

$$f'(x) = \lim_{h\to0}\frac{f(x+h)-f(x)}{h} = \lim_{h\to0}\frac{(x+h)^n - x^n}{h}$$

$$= \lim_{h\to0}\frac{\{x^n + nx^{n-1}h + [h の2次以上の項]\} - x^n}{h}$$

$$= \lim_{h\to0}(nx^{x-1} + h のついた項) = nx^{n-1}$$

となって，確かに $(x^n)' = nx^{n-1}$ であることがわかりました。ただ，定義にしたがって微分するのは $(x+h)^n$ をいちいち展開しなければならず面倒です。今後は，「定義にしたがって」ということわりがなければ単に

$$(x^3)' = 3x^2, \quad (x^5)' = 5x^4$$

と書いてもかまいません。

例題 3

　次の関数を微分せよ。
① $y=x^7$ 　　　② $y=x^{10}$ 　　　③ $y=x^{20}$

解き方 $(x^n)' = nx^{n-1}$ より

① $y' = (x^7)' = 7x^{7-1} = \boxed{\quad ア \quad}$ 　　② $y' = (x^{10})' = \boxed{\quad イ \quad}$

③ $y' = (x^{20})' = \boxed{\quad ウ \quad}$

　では，3次関数 $y = x^3 - 3x^2 - 9x + 12$ を微分してみましょう。定義にしたがって微分すると

$$f'(x) = \lim_{h \to 0} \frac{f(x+h) - f(x)}{h}$$

$$= \lim_{h \to 0} \frac{\left\{(x+h)^3 - 3(x+h)^2 - 9(x+h) + 12\right\} - (x^3 - 3x^2 - 9x + 12)}{h}$$

$$= \lim_{h \to 0} \frac{\left\{(x+h)^3 - x^3\right\} - 3\left\{(x+h)^2 - x^2\right\} - 9\left\{(x+h) - x\right\}}{h}$$

$$= \lim_{h \to 0} \underbrace{\frac{(x+h)^3 - x^3}{h}}_{(x^3)'} - 3\lim_{h \to 0} \underbrace{\frac{(x+h)^2 - x^2}{h}}_{(x^2)'} - 9\lim_{h \to 0} \underbrace{\frac{(x+h) - x}{x}}_{(x)'}$$

となり結局は

$$f'(x) = \left(x^3 - 3x^2 - 9x + 12\right)' = \left(x^3\right)' - 3\left(x^2\right)' - 9(x)' + (12)'$$
$$= 3x^2 - 3 \cdot 2x - 9 \cdot 1 + 0 = 3x^2 - 6x - 9$$

と項別微分できることがわかります。もちろんいきなり

$$y' = 3x^2 - 6x - 9$$

と書いてもかまいません。定数を微分すると0になることを忘れないようにしましょう。

定理 2.1　導関数の性質

$f(x)$, $g(x)$ は微分可能とする。次が成り立つ。

（i）　$\left(f(x) \pm g(x)\right)' = f'(x) \pm g'(x)$

（ii）　定数kに対し　$\left(kf(x)\right)' = kf'(x)$

例題 4

次の関数を微分せよ。

① $y = 2x^4 - 3x^2 - 5x + 3$　　② $y = -3x^5 + \dfrac{1}{2}x^2 + 1$

③ $y = 5x^3 - 2x^2 + 4x$

解き方 項別に微分すると

① $y' = 2(x^4)' - 3(x^2)' - 5(x)' + (3)' = $ 〔　　　　　　〕ア

② $y' = -3(x^5)' + \dfrac{1}{2}(x^2)' + (1)' = \boxed{\qquad\qquad\qquad\text{イ}}$

③ $y' = 5(x^3)' - 2(x^2)' + 4(x)' = \boxed{\qquad\qquad\qquad\text{ウ}}$

∎

練習問題 ❶

次の関数を微分せよ。

① $y = x^4 + x^3 + x^2 + x + 1$　　　② $y = -3x^5 + 4x^3 + 2x - 4$

③ $y = \dfrac{1}{4}x^3 - \dfrac{1}{2}x^2 + \dfrac{1}{5}x - \dfrac{3}{4}$

2.3　関数のグラフ

　さて，微分するというのは導関数を求めることでしたが，そもそも何のために関数を微分するのでしょう？　─── それは接線の傾きを求めるためでした！

　先に，関数 $y = x^2$ 上の $x = 2$ における微分係数を求めましたが，それにはまず $x = a$ における微分係数 $f'(a) = 2a$ を求めてから，$a = 2$ を代入して $f'(2) = 2 \cdot 2 = 4$ と計算したのでしたね。ところが，この計算は $y = x^2$ を微分して $y' = 2x$ において $x = 2$ とすることによっても同じ結果を得られます。

　したがって今後，接線の傾きを求めるときには，まず与えられた関数を微分してから，そのときの x の値を代入して計算してみましょう。

　たとえば，関数 $y = 2x^2 + 3x - 5$ のグラフで，$x = -3$ における接線の傾きは
$$f'(x) = 4x + 3 \quad \text{から} \quad f'(-3) = 4(-3) + 3 = -12 + 3 = -9$$
であり，また関数 $y = 4x^5 - 3x^2 - 9x + 1$ の $x = 2$ における接線の傾きは
$$f'(x) = 20x - 6x - 9 \quad \text{から} \quad f'(2) = 20 \cdot 2 - 6 \cdot 2 - 9 = 40 - 12 - 9 = 19$$
であることがわかります。

例 題 5

　次の関数の指定されたxの値における接線の傾きを求めよ。
① $y = 2x^4 - 3x^3 + 7x + 5,\ x = -1$
② $y = -5x^5 + 2x^3 - 8x,\ x = 1$

解き方

① $f'(x) = 8x^3 - 9x^2 + 7$ より

$f'(-1) = 8(-1)^3 - 9(-1)^2 + 7 = \boxed{\quad ア \quad}$

② $f'(x) = \boxed{\qquad\qquad イ \qquad\qquad}$ より

$f'(1) = \boxed{\quad ウ \quad}$

練 習 問 題 2

　次の関数の指定されたxの値における接線の傾きを求めよ。
① $y = 2x^3 + 2x^2 + x + 1,\ x = -2$
② $y = -3x^4 - 2x^3 - x + 3,\ x = -1$

　さて，微分して接線の傾きを求められるようになりましたが，もとの関数のグラフがどんな形をしているかがわからなくても，接線の傾きは求められることに気づいたでしょうか？　3次関数や4次関数は，関数の式を見ただけではグラフの概形はわかりません。しかし，実はグラフ上のある点における接線の傾きという局所的な情報から，グラフが増加していくのかあるいは減少していくのかを知ることができるのです。

　たとえば，3次関数 $y = x^3 - 3x^2 - 9x + 12$ の導関数は

$$f'(x) = 3x^2 - 6x - 9$$

であって，右上がりの接線を↗，右下がりの接線を↘，水平な接線を―で表すと

$$f'(-2) = 3(-2)^2 - 6(-2) - 9 = 12 + 12 - 9 = 15 \qquad ↗$$

$$f'(-1) = 3(-1)^2 - 6(-1) - 9 = 3 + 6 - 9 = 0 \qquad ―$$

$$f'(0) = -9 \qquad ↘$$

$$f'(3) = 3 \cdot 3^2 - 6 \cdot 3 - 9 = 27 - 18 - 9 = 0 \qquad ―$$

$$f'(4) = 3 \cdot 4^2 - 6 \cdot 4 - 9 = 48 - 24 - 9 = 15 \qquad ↗$$

となり，値と矢印の向きから，グラフの概形が

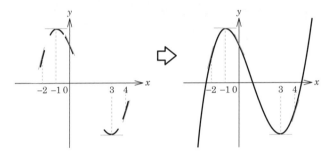

のようになることが推測されます。

　では，この3次関数 $y = x^3 - 3x^2 - 9x + 12$ のグラフの概形を描くために必要な情報を考えてみましょう。

　　①　グラフの増加，減少する範囲

　　②　グラフの極大値，極小値

　　③　グラフの y 切片

　①の「グラフが増加，減少する範囲」は接線の傾きを調べることにより知ることができます。

　ここで，以前登場した増減表を思い出してください。グラフを描くために必要な情報が書き込まれるべき表です。これから一緒につくっていきましょう。

　まず，このグラフは，どんな範囲で増加するのでしょうか？　右上がりの接線が引ける範囲，すなわち，接線の傾きが正である範囲で増加することから $y' > 0$ となる範囲を求めればよいことがわかります。

$$y' = 3x^2 - 6x - 9 = 3(x^2 - 2x - 3) = 3(x+1)(x-3) > 0$$

より，この2次不等式を満たす範囲は $x < -1$ または $3 < x$ ですね。同様に，接線の傾きが

負である範囲は，$y'<0$ となる範囲より

$$y'=3(x+1)(x-3)<0$$

から，$-1<x<3$ となります。また，水平な接線すなわち傾きが0である接線が引ける点は，2次方程式

$$y'=3(x+1)(x-3)=0$$

を解いて，$x=-1$ および $x=3$ であることがわかります。

　以上の情報を，増減表の1段目と2段目に書き込みます。

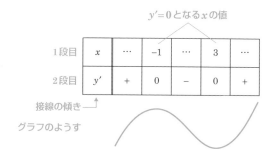

　この増減表の1段目と2段目から，グラフの増減が上図の青い曲線のようになることがわかります。つまり，$x=-1$ で極大，$x=3$ で極小となるのですね。

　では，グラフの概形を描くために，極大値と極小値をそれぞれ求めましょう。もとの関数 $y=x^3-3x^2-9x+12$ の式に戻り，$f(-1)$ と $f(3)$ をそれぞれ計算します。

$$f(-1)=(-1)^3-3(-1)^2-9(-1)+12=-1-3+9+12=17$$
$$f(3)=3^3-3\cdot3^2-9\cdot3+12=27-27-27+12=-15$$

よって，極大値が17，極小値が -15 であることがわかりました。さらに，グラフの増減を表す矢印 ↗ と ↘ を3段目に書き込みます。2段目の符号が「+」なら「↗」，「−」なら「↘」というように連動していましたね。

1段目	x	$\cdots$	-1	$\cdots$	3	$\cdots$
2段目	y'	+	0	−	0	+
3段目	y	↗	17	↘	-15	↗

これで関数 $y = x^3 - 3x^2 - 9x + 12$ の増減表を完成させることができました。

最後に，**y切片**を求めておきましょう。$x = 0$ として $y = 12$ ですね。これがy切片です。ではこれらの情報をもとに，グラフを描きましょう。

右図が34ページで紹介したグラフです。「微分」を使って描くことができました。

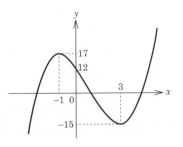

例題 6

次の3次関数のグラフを描け。

① $y = x^3 + x^2 - x - 1$ ② $y = -x^3 + 3x^2$

解き方

① $y = x^3 + x^2 - x - 1$ より

$y' = 3x^2 + 2x - 1 = (\boxed{})(3x - 1)$

$y' = 0$ として $x = \boxed{イ}$，$\dfrac{1}{3}$

$y' > 0$ として $x < \boxed{ウ}$，$\dfrac{1}{3} < x$

$y' < 0$ として $\boxed{エ} < x < \boxed{オ}$

$x = \boxed{カ}$ のとき極大値 $\boxed{キ}$ をとり

$x = \dfrac{1}{3}$ のとき極小値 $-\dfrac{32}{27}$ をとる。

また，y切片は $\boxed{サ}$ である。

よって，グラフは右図のようになる。

(増減表)

x	$\cdots$	$\boxed{イ}$	$\cdots$	$\dfrac{1}{3}$	$\cdots$
y'	$+$	$\boxed{ク}$	$-$	0	$+$
y	$\boxed{ケ}$	$\boxed{キ}$	$\boxed{コ}$	$-\dfrac{32}{27}$	↗

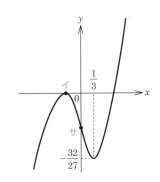

② $y = -x^3 + 3x^2$ より

$y' = -3x^2 + 6x = -3x\left(\boxed{}_{シ} \right)$

$y' = 0$ として $x = 0,$ $\boxed{}_{ス}$

$y' > 0$ として $\boxed{}_{セ} < x < \boxed{}_{ソ}$

$y' < 0$ として $x < \boxed{}_{タ}$, $\boxed{}_{チ} < x$

$x = 0$ のとき極大値 0 をとり

$x = \boxed{}_{ツ}$ のとき極大値 $\boxed{}_{テ}$ をとる。

また，y 切片は $\boxed{}_{ト}$ である。

よって，グラフは右図のようになる。

(増減表)

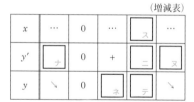

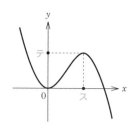

====== 練 習 問 題 ❸ ======

次の3次関数のグラフを描け。

① $y = 2x^3 - 3x^2 - 12x + 6$　　② $y = -2x^3 - 6x^2 + 3$

これまでのグラフはすべて3次関数で，かつ極大値と極小値をもつものでした。けれども，4次以上の関数や極値をもたない関数がほかにもありますので，いくつか紹介しておきましょう。

例1　4次関数　$y = x^4 - 2x^2 + 1$

$y' = 4x^3 - 4x = 4x(x+1)(x-1)$ で

x	$\cdots$	-1	$\cdots$	0	$\cdots$	1	$\cdots$
y'		$-$	0	$+$	0	$-$	0	$+$
y		$\searrow$	0	$\nearrow$	1	$\searrow$	0	$\nearrow$

極小値　　　極大値　　　極小値

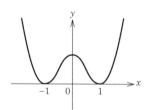

例2　3次関数　$y = x^3$

$y' = 3x^2$ で 常に $y' = 3x^2 \geqq 0$

x	$\cdots$	0	$\cdots$
y'	$+$	0	$+$
y	$\nearrow$	0	$\nearrow$

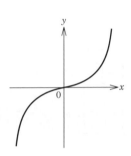

$x = 0$ で極値をとらない

例3　$y = x - \sin x$

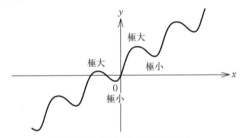

(極小値) < (極大値)とは限らない

　上の例で見たように，4次関数では極小値を2つとることもあり，3次関数 $y = x^3$ は式が簡単ではあるものの極値をとらない，概形を想像しにくいグラフなのですね。また関数 $y = x - \sin x$ は，下の2つのグラフの直線 $y = x$ と三角関数 $y = -\sin x$ から得られる面白い形をしています。三角関数の周期性を思い出すと「なるほど！」と納得できるのではないでしょうか。さらにこのグラフは，極小値が極大値よりも大きくなることがあり得る例として知っておくとよいでしょう。

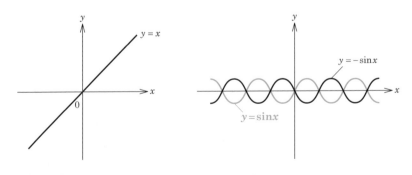

微分係数を定義したとき「微分可能」という言葉が出てきましたね。
　実は関数が微分可能であるかどうかを判断するのは，それほどやさしくはありません。微分可能であるというのは，直観的にはなめらかであるということです。
　たとえば，関数 $y=|x|$ の $x=0$ における微分可能性を調べましょう。

$$y=\begin{cases} x\,(x\geqq 0) \\ -x\,(x<0) \end{cases}$$

であり，平均変化率 $\dfrac{f(h)-f(0)}{h}$ を考えて

$$\lim_{h\to+0}\frac{f(h)}{h}=1$$

$$\lim_{h\to-0}\frac{f(h)}{h}=-1$$

であるから

$$\lim_{h\to+0}\frac{f(h)}{h}\neq\lim_{h\to-0}\frac{f(h)}{h}$$

となり h を 0 に近づける「近づけ方」によって極限値が異なります。したがって

$$\lim_{h\to 0}\frac{f(h)-f(0)}{h}$$

は存在しません。
　したがって，$y=|x|$ は $x=0$ で微分可能ではないのです。
　よって，$y=|x|$ の導関数については

$$(|x|)'=\begin{cases} 1\,(x>0) \\ -1\,(x<0) \\ 存在しない\,(x=0) \end{cases}$$

となります。

　なお，微分係数の定義式

$$f'(a)=\lim_{h\to 0}\frac{f(a+h)-f(a)}{h}$$

は

$$f'(a) = \lim_{x \to a} \frac{f(x) - f(a)}{x - a}$$

とも書けます。$f(x)$ が $x=a$ で微分可能ならば

$$\lim_{x \to a} \{f(x) - f(a)\} = \lim_{x \to a} \frac{f(x) - f(a)}{x - a}(x - a) = f'(a) \cdot 0 = 0$$

ですから，$\lim_{x \to a} f(x) = f(a)$ となります。すなわち

「関数 $f(x)$ が $x=a$ で微分可能ならば，$f(x)$ は $x=a$ で連続である」

といえます。

けれどもこの逆は一般には成り立ちません。実際，関数 $y=|x|$ は，$x=0$ で連続ですが微分可能ではないのです。

第 3 章

いろいろな関数の微分

3.1 積・商の微分公式

すでに述べたように，n が自然数および 0 のとき，すなわち n が負でない整数のとき

$$\left(x^n\right)' = nx^{n-1}$$

でした。

では，n が負の整数のときも，この公式は成立するのでしょうか？　たとえば

$$\left(x^{-1}\right)' = -1x^{-1-1} = -x^{-2} \qquad \cdots \ (3.1)$$

$$\left(x^{-2}\right)' = -2x^{-2-1} = -2x^{-3} \qquad \cdots \ (3.2)$$

としてもよいのでしょうか？

x^{-1} と x^{-2} はそれぞれ $\dfrac{1}{x}$ と $\dfrac{1}{x^2}$ といった分数関数です。この2つの関数をまずは定義にしたがって微分してみましょう。

$f(x) = \dfrac{1}{x}$ とおくと

$$f'(x) = \lim_{h \to 0} \frac{f(x+h) - f(x)}{h} \underset{(定義)}{=} \lim_{h \to 0} \frac{\dfrac{1}{x+h} - \dfrac{1}{x}}{h}$$

$$\underset{(通分)}{=} \lim_{h \to 0} \frac{1}{h} \frac{x - (x+h)}{(x+h)x} = \lim_{h \to 0} \frac{1}{h} \frac{-h}{(x+h)x} \underset{(約分)}{=} \lim_{h \to 0} \frac{-1}{(x+h)x}$$

$$= -\frac{1}{x^2}$$

よって

$$\left(\frac{1}{x}\right)' = -\frac{1}{x^2} \qquad \cdots \ (3.3)$$

であることがわかりました。式 (3.3) の左辺は $\left(x^{-1}\right)'$，右辺は $-x^{-2}$ と書けますから，この結果は負の指数を用いて

$$\left(x^{-1}\right)' = -x^{-2}$$

と書けることがわかりますね。つまり，式 (3.1) の結果と一致します。

では次に，$y = \dfrac{1}{x^2}$ を定義にしたがって微分してみましょう。

例題 1

関数 $y = \dfrac{1}{x^2}$ を定義にしたがって微分せよ。

解き方　$f(x) = \dfrac{1}{x^2}$ とおくと

$$f(x) = \lim_{h \to 0} \frac{f(x+h) - f(x)}{h} = \lim_{h \to 0} \frac{1}{h} \left\{ \frac{1}{(x+h)^2} - \frac{1}{x^2} \right\} = \lim_{h \to 0} \frac{1}{h} \cdot \frac{x^2 - (x+h)^2}{(x+h)^2 x^2}$$

$$= \lim_{h \to 0} \frac{1}{h} \frac{\boxed{ ア }}{(x+h)^2 x^2} = \lim_{h \to 0} \frac{\boxed{ イ }}{(x+h)^2 x^2} = \boxed{ ウ }$$

　この例題で得た結果

$$\left(\frac{1}{x^2} \right)' = -\frac{2}{x^3}$$

は，負の指数を用いて

$$\left(x^{-2} \right)' = -2x^{-3}$$

とも書けますから，式 (3.2) の結果と一致することがわかりますね。

　実は $\left(x^n \right)' = nx^{n-1}$ という公式は，n が負の整数のときも成り立つのです。たとえば

$$\left(x^{-3} \right)' = -3x^{-4}, \quad \left(x^{-4} \right)' = -4x^{-5}$$

であり，これらはそれぞれ

$$\left(\frac{1}{x^3} \right)' = -\frac{3}{x^4}, \quad \left(\frac{1}{x^4} \right)' = -\frac{4}{x^5}$$

と書けます。

　$\dfrac{1}{x^3}$ や $\dfrac{1}{x^4}$ を定義にしたがって微分すると，分数式の通分が面倒なのですが，この公式を用いると簡単に計算できますね。ただ，この公式が n が負の整数であっても成り立つことを証明するには多少準備が必要なので，先に計算の練習をしましょう。

例 題 2

次の関数を微分せよ。

① $\dfrac{1}{x^5}$ ② $\dfrac{4}{x^6}$

解き方

① $\left(\dfrac{1}{x^5}\right)' = \left(x^{-5}\right)' = \boxed{}_{\text{ア}} = -\dfrac{5}{\boxed{}_{\text{イ}}}$

② $\left(\dfrac{4}{x^6}\right)' = \left(4x^{-6}\right)' = 4\left(\boxed{}_{\text{ウ}}\right) = -\dfrac{\boxed{}^{\text{エ}}}{\boxed{}_{\text{オ}}}$

練 習 問 題 1

次の関数を微分せよ。

① $\dfrac{2}{x^3}$ ② $-\dfrac{5}{x^4}$

ではここで，微分に関して重要な2つの公式を紹介しましょう。

定理 3.1　積・商の微分公式

$f(x)$，$g(x)$ が微分可能な関数であるとき，次が成り立つ。

(1)　積の微分公式

$$\{f(x)g(x)\}' = f'(x)g(x) + f(x)g'(x)$$

(2)　商の微分公式

$$\left\{\frac{f(x)}{g(x)}\right\}' = \frac{f'(x)g(x) - f(x)g'(x)}{\{g(x)\}^2}$$

この定理の (1)，(2) は簡潔に

$$(fg)' = f'g + fg' \ , \quad \left(\frac{f}{g}\right)' = \frac{f'g - fg'}{g^2}$$

と書くと記憶しやすいでしょう。また，(2) で特に $f(x)=1$ として次式を得ます。

$$\left(\frac{1}{g}\right)' = -\frac{1}{g^2}$$

では，　定理3.1　の公式を証明しましょう。定義にしたがって計算しますが多少技巧的です。

(1)　$\displaystyle \{f(x)g(x)\}' = \lim_{h \to 0} \frac{f(x+h)g(x+h) - f(x)g(x)}{h}$　　⇐定義

$$= \lim_{h \to 0} \frac{f(x+h)g(x+h) - f(x)g(x+h) + f(x)g(x+h) - f(x)g(x)}{h}$$

$$= \lim_{h \to 0} \frac{\{f(x+h) - f(x)\}g(x+h) + f(x)\{g(x+h) - g(x)\}}{h}$$

$$= \lim_{h \to 0} \left\{\frac{f(x+h) - f(x)}{h} \cdot g(x+h) + f(x) \cdot \frac{g(x+h) - g(x)}{h}\right\}$$

$$= \lim_{h \to 0} \frac{f(x+h) - f(x)}{h} \cdot \lim_{h \to 0} g(x+h) + f(x) \cdot \lim_{h \to 0} \frac{g(x+h) - g(x)}{h}$$

$$= f'(x)g(x) + f(x)g'(x)$$

ここで，$\displaystyle \lim_{h \to 0} g(x+h) = g(x)$ となることを用いたことに注意しましょう。

(2)　$\left\{ \dfrac{f(x)}{g(x)} \right\}' = \lim\limits_{h \to 0} \dfrac{\dfrac{f(x+h)}{g(x+h)} - \dfrac{f(x)}{g(x)}}{h}$　　⇐定義

$= \lim\limits_{h \to 0} \dfrac{1}{h}\left\{ \dfrac{f(x+h)}{g(x+h)} - \dfrac{f(x)}{g(x)} \right\} = \lim\limits_{h \to 0} \dfrac{1}{h} \cdot \dfrac{f(x+h)g(x) - f(x)g(x+h)}{g(x+h)g(x)}$　　⇐通分

$= \lim\limits_{h \to 0} \dfrac{1}{hg(x+h)g(x)}\left\{ f(x+h)g(x) - f(x)g(x) + f(x)g(x) - f(x)g(x+h) \right\}$

$= \lim\limits_{h \to 0} \dfrac{1}{g(x+h)g(x)}\left\{ \dfrac{f(x+h)-f(x)}{h} \cdot g(x) - f(x) \cdot \dfrac{g(x+h)-g(x)}{h} \right\}$

$= \lim\limits_{h \to 0} \dfrac{1}{g(x+h)g(x)}\left\{ \lim\limits_{h \to 0}\dfrac{f(x+h)-f(x)}{h} \cdot g(x) - f(x) \cdot \lim\limits_{h \to 0}\dfrac{g(x+h)-g(x)}{h} \right\}$

$= \dfrac{1}{\left\{ g(x) \right\}^2}\left\{ f'(x)g(x) - f(x)g'(x) \right\}$

これで，定理3.1 (1)，(2) の証明が終わりました。

さて，準備が整ったので，いよいよ n が負の整数のときも $(x^n)' = nx^{n-1}$ が成り立つことを証明しましょう。

m を自然数とすると，$-m$ は負の整数となります。$n = -m$ とおいて商の微分公式を使うと

$$\left(x^n \right)' = \left(x^{-m} \right)' = \left(\dfrac{1}{x^m} \right)'_{\text{商の微分公式}} = \dfrac{-\left(x^m \right)'}{\left(x^m \right)^2}$$

$$= \dfrac{-mx^{m-1}}{x^{2m}} = -mx^{m-1-2m} = -mx^{-m-1} = nx^{n-1}$$

よって，n が負の整数のときにも $(x^n)' = nx^{n-1}$ となることがわかりました。

$x^{-m} = \dfrac{1}{x^m}$ と分数式に直してから商の微分公式を用いるのがポイントですね。

先に $\dfrac{1}{x}$ と $\dfrac{1}{x^2}$ の導関数を定義から導きましたが，商の微分公式を使っても導くことができます。実際，$\dfrac{f(x)}{g(x)}$ で $f(x) = 1$，$g(x) = x$ とおくと

$$\left(\frac{1}{x}\right)' = -\frac{(x)'}{x^2} = -\frac{1}{x^2}$$

であり，同様にして

$$\left(\frac{1}{x^2}\right)' = -\frac{(x^2)'}{(x^2)^2} = -\frac{2x}{x^4} = -\frac{2}{x^3}$$

となります。

例題 3

　商の微分公式を用いて次の関数を微分せよ。

① $\dfrac{1}{x^3}$　　　② $\dfrac{1}{x^4}$

解き方 $\left(\dfrac{1}{g}\right)' = -\dfrac{g'}{g^2}$　より

① $\left(\dfrac{1}{x^3}\right)' = -\dfrac{(x^3)'}{(x^3)^2} = -\dfrac{\boxed{}^{ア}}{x^{\boxed{}^{イ}}} = \boxed{}^{ウ}$

② $\left(\dfrac{1}{x^4}\right)' = -\dfrac{(x^4)'}{(x^4)^2} = -\dfrac{\boxed{}^{エ}}{x^{\boxed{}^{オ}}} = \boxed{}^{カ}$

■

　積と商の微分公式を用いて，さまざまな関数を微分することができます。

例1　$y = (x^2 + 2x - 3)(x + 1)$

$$y' = \{(x^2 + 2x - 3)(x + 1)\}' = (2x + 2)(x + 1) + (x^2 + 2x - 3) \cdot 1$$
$$\phantom{y' = \{}\underset{f}{}\ \underset{g}{}' = }\ \underset{f'}{}\ \underset{g}{}\ \underset{f}{}\ \underset{g'}{}$$

$$= 2x^2 + 4x + 2 + x^2 + 2x - 3 = 3x^2 + 6x - 1$$

　もちろんこの関数の場合は，積の微分公式を用いなくとも

$$y = (x^2 + 2x - 3)(x + 1) = x^3 + 3x^2 - x - 3$$

と展開してから微分することができます。

$$y' = \left(x^3 + 3x^2 - x - 3\right)' = 3x^2 + 6x - 1$$

ですね。

例2 $y = \dfrac{x+3}{x^2-1}$

$$y' = \left(\overset{g}{\underset{g}{\dfrac{x+3}{x^2-1}}}\right)' = \dfrac{\overset{f'}{(x+3)'}\overset{g}{(x^2-1)} - \overset{f}{(x+3)}\overset{g'}{(x^2-1)'}}{\underset{g^2}{(x^2-1)^2}}$$

$$= \dfrac{x^2-1-(x+3)\cdot 2x}{(x^2-1)^2} = -\dfrac{x^2+6x+1}{(x^2-1)^2}$$

例 題 4

積・商の微分公式を用いて次の関数を微分せよ。

① $y = (x^2 + 3x - 1)(x^3 + 1)$ ② $y = (x^3 - 2x)(2x^2 - 3)$

③ $y = \dfrac{3x+2}{x-2}$ ④ $y = \dfrac{1}{x^2 - 5x + 4}$

解き方

① $y' = (x^2 + 3x - 1)'(x^3 + 1) + (x^2 + 3x - 1)(x^3 + 1)'$

$$= \left(\boxed{\quad ア \quad}\right)(x^3 + 1) + (x^2 + 3x - 1)\cdot\boxed{\quad イ \quad}$$

$$= \boxed{\qquad\qquad ウ \qquad\qquad}$$

② $y' = (x^3 - 2x)'(2x^2 - 3) + (x^3 - 2x)(2x^2 - 3)'$

$$= \left(\boxed{\quad エ \quad}\right)(2x^2 - 3) + (x^3 - 2x)\cdot\boxed{\quad オ \quad}$$

$$= \boxed{\qquad\quad カ \qquad\quad}$$

③ $y' = \dfrac{(3x+2)'(x-2) - (3x+2)(x-2)'}{(x-2)^2}$

$$= \frac{\boxed{キ}(x-2)-(3x+2)\cdot\boxed{ク}}{(x-2)^2}$$

$$= \boxed{ケ}$$

④ $y' = -\dfrac{\left(x^2-5x+4\right)'}{\left(x^2-5x+4\right)^2} = \boxed{コ}$

練 習 問 題 ❷

1 次の関数を微分せよ。

① $y=x^3+2x^2$

② $y=\dfrac{1}{2}x^4+\dfrac{2}{3}x^3+5x-7$

③ $y=(x+2)(x^2+2)$

④ $y=(x^2+x+1)(x^2-x+1)$

⑤ $y=\dfrac{1}{x}-\dfrac{1}{x^2}+\dfrac{1}{x^3}$

⑥ $y=\dfrac{x}{x^2+1}$

2 次の関数を微分せよ。

① $y=(2x-1)(x^2+x)$

② $y=(3x^2-2)(-x-1)$

③ $y=(2x-3)(2x^2+x-1)$

④ $y=(3x^2+x-1)(2x+1)$

⑤ $y=(2x^2-1)(x^2-x+3)$

⑥ $y=(2x^2-x+1)(-x^2-2)$

3 次の関数を微分せよ。

① $y=\dfrac{1}{3x-2}$

② $y=\dfrac{2x}{3x-1}$

③ $y=\dfrac{2x+3}{x-1}$

④ $y=\dfrac{2-x}{2x+3}$

⑤ $y=\dfrac{3x-4}{x^2+1}$

⑥ $y=\dfrac{x^2+1}{1-x^2}$

3.2　合成関数の導関数

関数 $y=\left(x^3+2\right)^2$ を微分してみると

$$y'=\left\{\left(x^3+2\right)^2\right\}'=\left(x^6+4x^3+4\right)'=6x^5+12x^2=6x^2\left(x^3+2\right)$$

ですね。因数分解しなくてもかまいません。

次に，関数 $y=\left(x^3+2\right)^3$ を微分すると

$$y'=\left\{\left(x^3+2\right)^3\right\}'=\left(x^9+6x^6+12x^3+8\right)'=9x^8+36x^5+36x^2$$
$$=9x^2\left(x^6+4x^3+4\right)=9x^2\left(x^3+2\right)^2$$

となります。

　しかし，このようにいちいち展開していては，$y=\left(x^3+2\right)^4$ や $y=\left(x^3+2\right)^5$ といったもっと次数の高い式を微分するとき大変面倒です。そこで，右辺のカッコ（ ）の中の式 x^3+2 を u とおくと，これらの関数はそれぞれ $y=u^4$ および $y=u^5$ といった，見かけの簡単な関数になります。

　y が u の関数で，また u が x の関数であるとき，それぞれ $y=f(u)$，$u=g(x)$ と書き，関数 $y=f(g(x))$ は x の関数と考えることができます。この関数 $f(g(x))$ を $y=f(u)$ と $u=g(x)$ の合成関数といいます。合成関数を微分する定理を紹介しましょう。この定理を用いると $y=\left(x^3+2\right)^3$ を展開せずに微分することができます。ただ，微分の表記に関して1つ新しいことを覚えてください。関数 $f(x)$ を x で微分することを，$f'(x)$ のほかに

$$\frac{df}{dx}, \ \frac{d}{dx}f(x)$$

とも書きます。

定理 3.2　合成関数の導関数

$y=f(u)$，$u=g(x)$ がいずれも微分可能な関数であるとき

$$\frac{dy}{dx}=\frac{dy}{du}\frac{du}{dx}=f'(u)g'(x)=f'(g(x))g'(x) \tag{3.4}$$

である。

　式 (3.4) は $\dfrac{dy}{dx}=\left\{f(g(x))\right\}'=f'(g(x))g'(x)$ とも書けます。

　式 (3.4) は一見複雑そうですが，実はいたって簡単に使うことができます。さっそくこの定理を用いて，関数 $y=\left(x^3+2\right)^3$ を微分してみましょう。

$y=\left(x^3+2\right)^3$ のカッコ（ ）内の関数を $u=x^3+2$ とおくと，この関数は見かけが簡単な $y=u^3$ という式になります。この関数をまず u で微分します。

$$\frac{dy}{du}=\left(u^3\right)'=3u^2$$

次に，関数 $u=x^3+2$ を x で微分します。

$$\frac{du}{dx}=\left(x^3+2\right)'=3x^2$$

そして，$\dfrac{dy}{du}$ と $\dfrac{du}{dx}$ を掛け合わせ，u の式を x の関数に戻せばよいのです。

$$\frac{dy}{dx}=\frac{dy}{du}\cdot\frac{du}{dx}=3u^2\cdot 3x^2=3\left(x^3+2\right)^2\cdot 3x^2=9x^2\left(x^3+2\right)^2$$

よって，$y'=9x^2\left(x^3+2\right)^2$ となり，64ページの結果と同じになりましたが，今回は関数 $y=\left(x^3+2\right)^3$ を展開せずに微分できましたね。

ここで，$\dfrac{dy}{du}$ と $\dfrac{du}{dx}$ はそれぞれ「y を u で微分する」「u を x で微分する」という記号であり，分数ではないのですが，$\dfrac{dy}{du}\cdot\dfrac{du}{dx}$ があたかも du 同士で約分されるかのようにみえるのが，この記法の優れた点なのです。なお，実際の微分計算ではいちいち u と置き換えずに，次のように計算してかまいません。

$y=\left(x^3+2\right)^3$ を微分すると，

$$\begin{aligned}y'&=3\left(x^3+2\right)^2\cdot\left(x^3+2\right)'\\&=3\left(x^3+2\right)^2\cdot 3x^2\\&=9x^2\left(x^3+2\right)^2\end{aligned}$$

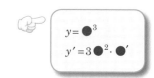

これを一般化すると

$$y=f\left(g\left(x\right)\right)\text{のとき}\ y'=f'\left(g\left(x\right)\right)g\left(x\right)'$$

となって，式 (3.4) となるのです。合成関数の導関数の公式は，関数 $y=\left(x^3+2\right)^5$ などの累乗の指数が大きいときに展開せずに微分できるので威力を発揮します。では，なぜこのように計算できるのか，定理3.2 を証明してみましょう。

$\dfrac{dy}{dx}=\dfrac{dy}{du}\dfrac{du}{dx}$ となることをいえばよいのですね。

$f(u)$ と $g(x)$ がともに微分可能であるとします。

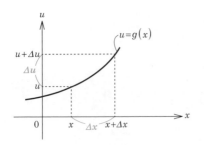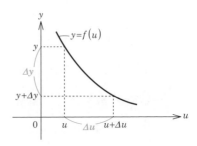

　x の値が，x から Δx だけ変化したとき，u の値も Δu だけ変化したとします。さらに Δu に対応して，y の値も Δy だけ変化したとしましょう。すなわち

$$x \to x + \Delta x \quad \text{のとき} \quad u \to u + \Delta u$$

$$u \to u + \Delta u \quad \text{のとき} \quad y \to y + \Delta y$$

ですね。このとき

$$\Delta u = g(x + \Delta x) - g(x), \quad \Delta y = f(u + \Delta u) - f(u)$$

なので，$\Delta u \neq 0$ とすると

$$\frac{\Delta y}{\Delta x} = \frac{\Delta y}{\Delta u} \cdot \frac{\Delta u}{\Delta x} = \frac{f(u + \Delta u) - f(u)}{\Delta u} \cdot \frac{g(x + \Delta x) - g(x)}{\Delta x}$$

であり，ここで $g(x)$ は連続ですから，$\Delta x \to 0$ のとき

$$g(x + \Delta x) \to g(x) \quad \text{すなわち} \quad \Delta u \to 0$$

したがって

$$\frac{dy}{dx} = \lim_{\Delta x \to 0} \frac{\Delta y}{\Delta x} = \lim_{\Delta u \to 0} \frac{f(u + \Delta u) - f(u)}{\Delta u} \cdot \lim_{\Delta x \to 0} \frac{g(x + \Delta x) - g(x)}{\Delta x}$$

$$= f'(u)g'(x) = \frac{dy}{du}\frac{du}{dx}$$

となり，示せました。なお，ここでは $\Delta u \neq 0$ としましたが，$\Delta u = 0$ のときもこの定理が成り立つことが知られています。

例 題 5

関数 $y=\left(x^2+5x-3\right)^8$ を微分せよ。

解き方 $u=x^2+5x-3$ とおくと，$y=u^8$ であって

$$\frac{dy}{dx}=\frac{dy}{du}\cdot\frac{dy}{dx}=\left(u^8\right)'\left(x^2+5x-3\right)'=8u^{\boxed{\text{ア}}}\times\left(\boxed{\phantom{\text{イ}}}\right)=8\boxed{\phantom{\text{ウ}}}$$

練 習 問 題 3

次の関数を微分せよ。

①　$y=\left(x^2-1\right)^6$　　②　$y=\left(2x^2+3\right)^4$

③　$y=\left(2-x\right)^5$　　④　$y=\left(2x^2-x+2\right)^4$

では次に，関数 $y=\dfrac{1}{\left(4x+3\right)^3}$ を微分してみましょう。$u=4x+3$ とおくと $y=\dfrac{1}{u^3}=u^{-3}$

ですね。y を u で微分すると

$$\frac{dy}{du}=\left(u^{-3}\right)'=-3u^{-4}$$

であり，次に u を x で微分すると

$$\frac{du}{dx}=\left(4x+3\right)'=4$$

ですから，合成関数の微分の公式より次の結果を得ます。

$$\frac{dy}{dx}=\frac{dy}{du}\cdot\frac{du}{dx}=-3u^{-4}\cdot4=-12\cdot\frac{1}{u^4}=-\frac{12}{\left(4x+3\right)^4}$$

例題 6

関数 $y = \dfrac{5}{(3x-4)^4}$ を微分せよ。

解き方 $u = 3x - 4$ とおくと，$y = 5u^{-4}$ であるから y を u で微分して

$$\frac{dy}{du} = \left(5u^{-4}\right)' = \boxed{\qquad ア \qquad}$$

u を x で微分して

$$\frac{du}{dx} = (3x-4)' = \boxed{\qquad イ \qquad}$$

合成関数の微分の公式より

$$\frac{dy}{dx} = \frac{dy}{du} \cdot \frac{du}{dx} = \boxed{\quad ア \quad} \times \boxed{\quad イ \quad} = \boxed{\quad ウ \quad}$$
$$\underset{(x \text{の式})}{}$$

練 習 問 題 4

次の関数を微分せよ。

① $y = \dfrac{1}{(x+2)^3}$

② $y = \dfrac{1}{(1-3x^2)^5}$

③ $y = \dfrac{2}{(4x-5)^3}$

④ $y = \dfrac{1}{(9-x)^2}$

では次に，$y = \sqrt{x}$ や $y = \dfrac{1}{\sqrt{x}}$ といった関数を微分することを考えましょう。

これらの関数は，$\sqrt{x} = x^{\frac{1}{2}}$，$\dfrac{1}{\sqrt{x}} = x^{-\frac{1}{2}}$ のように有理数の指数に直せます。

つまり $y = x^{\frac{1}{2}}$，$y = x^{-\frac{1}{2}}$ といった累乗の指数が有理数である関数を微分することにな

るのです。

　先に，n が整数のとき，$\left(x^n\right)'=nx^{n-1}$ であることを証明しました。実はこれは指数が有理数であっても成り立つのです。改めて書いておきましょう。

　　　　r が有理数のとき，$\left(x^r\right)'=rx^{r-1}$

　いくつか例をあげましょう。$x>0$ のとき

$$\left(\sqrt{x}\right)'=\left(x^{\frac{1}{2}}\right)'=\frac{1}{2}x^{\frac{1}{2}-1}=\frac{1}{2}x^{-\frac{1}{2}}=\frac{1}{2x^{\frac{1}{2}}}=\frac{1}{2\sqrt{x}}$$

$$\left(\sqrt[5]{x^2}\right)'=\left(x^{\frac{2}{5}}\right)'=\frac{2}{5}x^{\frac{2}{5}-1}=\frac{2}{5}x^{-\frac{3}{5}}=\frac{2}{5x^{\frac{3}{5}}}=\frac{2}{5\sqrt[5]{x^3}}$$

$$\left(\frac{1}{\sqrt{x}}\right)'=\left(x^{-\frac{1}{2}}\right)'=-\frac{1}{2}x^{-\frac{1}{2}-1}=-\frac{1}{2}x^{-\frac{3}{2}}=-\frac{1}{2x^{\frac{3}{2}}}=-\frac{1}{2x\sqrt{x}}$$

　このように，累乗根の形の関数は

① 累乗根を指数に直し，x^r の形に書き換える。

② $\left(x^r\right)'=rx^{r-1}$ を用いて微分する。

③ 累乗根に戻す。

の手順で行います。ただし，問題によっては③をせず，有理数の指数のまま答えることもあるので指示にしたがってください。

　では，r が有理数のときも公式 $\left(x^r\right)'=rx^{r-1}$ が使えることを証明しましょう。ここでも合成関数の微分の公式が活躍するのです。

　関数 $y=x^r$ が与えられたとき

　　p を自然数，q を整数として $r=\dfrac{q}{p}$ とおくと $y=x^r=x^{\frac{q}{p}}$

と書けます。この $y=x^{\frac{q}{p}}$ の両辺を p 乗すると

$$y^p=\left(x^{\frac{q}{p}}\right)^p=x^q$$

となります。次にこの両辺を x について微分しましょう。記号 $\dfrac{d}{dx}$ を用います。

$$\frac{d}{dx}\left(y^p\right)=\frac{d}{dx}\left(x^q\right)$$

　左辺は合成関数の微分の公式より，まず y で微分，次に x で微分するので

$$\frac{d}{dx}(y^p) = \frac{d}{dy}(y^p)\frac{dy}{dx} = py^{p-1}\frac{dy}{dx}$$

この記号はこのまま残す

右辺は $(x^n)' = nx^{n-1}$ を用いて x で微分すると qx^{q-1} となるから

$$py^{p-1} \cdot \frac{dy}{dx} = qx^{q-1}$$

よって，両辺を $py^{p-1}\,(\neq 0)$ で割って

$$\frac{dy}{dx} = \frac{qx^{q-1}}{py^{p-1}} = \frac{qx^{q-1}}{p\left(x^{\frac{q}{p}}\right)^{p-1}} = \frac{qx^{q-1}}{px^{\frac{q}{p}(p-1)}} = \frac{q}{p}x^{q-1-\frac{q}{p}(p-1)} = \frac{q}{p}x^{\frac{q}{p}-1} = rx^{r-1}$$

となり，指数が有理数のときにも $(x^r)' = rx^{r-1}$ が成立することが示せました。

1つの公式 $(x^r)' = rx^{r-1}$ で，r が自然数，整数，そして有理数と，だんだん数の範囲を広げて使えることがわかるというのは興味深いですね。

定理 3.3

r を有理数とするとき
$$(x^r)' = rx^{r-1}$$
が成り立つ。

では例題を解いてみましょう。

例 題 7

次の関数を微分せよ。

①　$y = \sqrt[3]{x}$　　　　②　$y = \dfrac{1}{\sqrt[5]{x^3}}$

解き方

① $y = \sqrt[3]{x} = x^{\frac{1}{3}}$ より

$$y' = \left(x^{\frac{1}{3}}\right)' = \frac{1}{3}x^{\frac{1}{3}-1} = \frac{1}{3}x^{\boxed{ア}} = \frac{1}{3\boxed{イ}}$$

② $y = \dfrac{1}{\sqrt[5]{x^3}} = x^{-\frac{3}{5}}$ より

$$y' = \left(x^{-\frac{3}{5}}\right)' = -\frac{3}{5}x^{-\frac{3}{5}-1} = -\frac{3}{5}x^{\boxed{ウ}} = -\frac{3}{5\boxed{エ}}$$

負の指数に不慣れなうちは，累乗根に戻すのは難しく感じられるかもしれません。たとえば，$x^{-\frac{3}{4}}$ の場合は

$$x^{-\frac{3}{4}} = \frac{1}{x^{\frac{3}{4}}} = \frac{1}{\sqrt[4]{x^3}}$$

とステップを踏んでもかまいません。とにかく繰り返し練習しましょう。

=== 練 習 問 題 5 ===

次の関数を微分せよ。

① $y = \sqrt[5]{x^3}$

② $y = x^2\sqrt{x}$

③ $y = \dfrac{1}{\sqrt[4]{x^3}}$

④ $y = \dfrac{1}{x\sqrt{x}}$

次に，関数 $y = \sqrt[3]{x^2 + 4x + 5}$ を微分してみましょう。

$$y' = \left(\sqrt[3]{x^2+4x+5}\right)' = \left\{\left(x^2+4x+5\right)^{\frac{1}{3}}\right\}' = \frac{1}{3}\left(x^2+4x+5\right)^{\frac{1}{3}-1}\cdot\left(x^2+4x+5\right)'$$

$$= \frac{1}{3}\left(x^2+4x+5\right)^{-\frac{2}{3}}\left(2x+4\right) = \frac{2\left(x+2\right)}{3\sqrt[3]{\left(x^2+4x+5\right)^2}}$$

根号を外して累乗の指数に書き換えてから，合成関数の微分法を用いるのですね。

今度は，関数 $y = x\sqrt{x+1}$ を微分してみましょう。

$$y = x\sqrt{x+1} = x\left(x+1\right)^{\frac{1}{2}}$$

ですが，これ以上簡単にできませんから，積の微分公式を用います。

$$y' = \left\{x\sqrt{x+1}\right\}' = \left\{x\left(x+1\right)^{\frac{1}{2}}\right\}' = \left(x\right)'\left(x+1\right)^{\frac{1}{2}} + x\left\{\left(x+1\right)^{\frac{1}{2}}\right\}'$$

$$= \left(x+1\right)^{\frac{1}{2}} + x\cdot\frac{1}{2}\left(x+1\right)^{\frac{1}{2}-1}\cdot\left(x+1\right)' = \left(x+1\right)^{\frac{1}{2}} + \frac{1}{2}x\left(x+1\right)^{-\frac{1}{2}}$$

$$= \sqrt{x+1} + \frac{x}{2\sqrt{x+1}} = \frac{2\left(x+1\right)+x}{2\sqrt{x+1}} = \frac{3x+2}{2\sqrt{x+1}}$$

合成関数の微分法，積・商の微分公式，そして指数法則を組み合わせて計算しました。多項式を微分することに比べて，随分と複雑な計算をしなければなりませんが，1問解くごとに頭の中が整理されてくるはずです。

例 題 8

次の関数を微分せよ。

① $\quad y = \sqrt{x^2+2x+3}$　　　② $\quad y = \left(x^2+2\right)\sqrt{x}$　　　③ $\quad y = \dfrac{x}{\sqrt{x+2}}$

解き方

① $\quad y = \sqrt{x^2+2x+3} = \left(x^2+2x+3\right)^{\frac{1}{2}}$　　より

$$y' = \frac{1}{2}\left(x^2+2x+3\right)^{\frac{1}{2}-1}\cdot\left(x^2+2x+3\right)'$$

$$= \frac{1}{2}\left(x^2+2x+3\right)^{\boxed{}}\left(\boxed{}\right) = \frac{\boxed{}}{\boxed{}}$$

② $\quad y = \left(x^2+2\right)\sqrt{x} = \left(x^2+2\right)x^{\frac{1}{2}}$ より

$$y' = \left\{\left(x^2+2\right)x^{\frac{1}{2}}\right\}' = \left(x^2+2\right)' x^{\frac{1}{2}} + \left(x^2+2\right)\left(x^{\frac{1}{2}}\right)'$$

$$= \boxed{}\sqrt{x} + \left(x^2+2\right)\boxed{} = \frac{\boxed{}}{\boxed{}}$$

③ $\quad y' = \dfrac{(x)'\sqrt{x+2} - x\left(\sqrt{x+2}\right)'}{\left(\sqrt{x+2}\right)^2}$

$$= \frac{\sqrt{x+2} - x\boxed{}}{x+2} = \frac{\boxed{}}{\boxed{}}$$

■

=== 練 習 問 題 ⑥ ===

次の計算をせよ。

① $\quad y = \sqrt{1-x^2}$

② $\quad y = \sqrt[3]{2x-1}$

③ $\quad y = \left(x^2-1\right)\sqrt{3x+1}$

④ $\quad y = \sqrt{\left(x^2+x+1\right)^3}$

⑤ $\quad y = \dfrac{x}{\sqrt{2x+1}}$

⑥ $\quad y = \dfrac{1}{\sqrt{1-4x^2}}$

3.3 三角関数・指数関数・対数関数の微分

合成関数の微分法は，多項式や分数関数に対してのみ用いられるのではありません。
三角関数・指数関数・対数関数を組み合わせた

$$\sin 5x,\ e^{2x+3},\ \log\left(x^2+1\right)$$

といった関数を微分するときにも威力を発揮します。まず，

$$\left(\sin x\right)',\ \left(e^x\right)',\ \left(\log x\right)'$$

などを計算してみましょう。これらの計算は多項式の微分とは異なるので $\left(x^r\right)'=rx^{r-1}$
という公式を用いることはできないのです。そこで導関数の定義式

$$f'\left(x\right)=\lim_{h\to 0}\frac{f\left(x+h\right)-f\left(x\right)}{h}$$

に戻って計算します。

◆三角関数の微分◆

$y=\sin x$ の導関数を求めましょう。

$f\left(x\right)=\sin x$ とおくと

$$f'\left(x\right)=\lim_{h\to 0}\frac{\sin\left(x+h\right)-\sin x}{h}$$

ですが，加法定理から

$$\sin\left(\alpha+\beta\right)=\sin\alpha\cos\beta+\cos\alpha\sin\beta$$
$$\sin\left(\alpha-\beta\right)=\sin\alpha\cos\beta-\cos\alpha\sin\beta$$

であり，辺々を引くと

$$\sin\left(\alpha+\beta\right)-\sin\left(\alpha-\beta\right)=2\cos\alpha\sin\beta$$

となります。$\alpha+\beta=A,\ \alpha-\beta=B$ とおくと

$$\sin A-\sin B=2\cos\frac{A+B}{2}\sin\frac{A-B}{2}\qquad\text{（差を積に直す公式）}$$

であり，さらに $A=x+h,\ B=x$ とおくと

$$\sin\left(x+h\right)-\sin x=2\cos\frac{2x+h}{2}\sin\frac{h}{2}=2\cos\left(x+\frac{h}{2}\right)\sin\frac{h}{2}$$

ですから $\lim_{h\to 0}\dfrac{\sin h}{h}=1$ を思い出して

$$f'\left(x\right)=\lim_{h\to 0}\frac{2\cos\left(x+\frac{h}{2}\right)\sin\frac{h}{2}}{h}=\lim_{\frac{h}{2}\to 0}\frac{\cos\left(x+\frac{h}{2}\right)\sin\frac{h}{2}}{\frac{h}{2}}$$

$$= \lim_{\frac{h}{2} \to 0} \cos\left(x + \frac{h}{2}\right) \lim_{\frac{h}{2} \to 0} \frac{\sin\frac{h}{2}}{\frac{h}{2}} = \cos x \cdot 1 = \cos x$$

よって, $(\sin x)' = \cos x$ が得られます。同様にして $(\cos x)'$ を求めましょう。

例題 9

次の関数を微分せよ。

① $\cos x$

解き方　加法定理より

$$\cos(\alpha + \beta) = \cos\alpha\cos\beta - \sin\alpha\sin\beta$$
$$\cos(\alpha - \beta) = \cos\alpha\cos\beta + \sin\alpha\sin\beta$$

となり, 辺々を引くと $\cos(\alpha + \beta) - \cos(\alpha - \beta) = -2\sin\alpha\sin\beta$

であり, $\alpha + \beta = A$, $\alpha - \beta = B$ とおくと

$$\cos A - \cos B = -2\sin\frac{A+B}{2}\sin\frac{\boxed{\quad ア \quad}}{2}$$

であり, さらに $A = x + h$, $B = x$ とおくと

$$\cos(x + h) - \cos x = -2\sin\boxed{\text{イ}}\sin\boxed{\text{ウ}}$$

であり, $f(x) = \cos x$ とおくと

$$f'(x) = \lim_{h \to 0} \frac{\cos(x+h) - \cos x}{h} = \lim_{h \to 0} \frac{-2\sin\boxed{\text{イ}}\sin\boxed{\text{ウ}}}{h}$$

$$= \lim_{\frac{h}{2} \to 0} \frac{-\sin\left(\boxed{\text{エ}}\right)\sin\boxed{\text{オ}}}{\frac{h}{2}} = -\lim_{\frac{h}{2} \to 0} \sin\left(\boxed{\text{カ}}\right)\lim_{\frac{h}{2} \to 0} \frac{\sin\boxed{\text{キ}}}{\frac{h}{2}} = \boxed{\text{ク}}$$

$(\sin x)' = \cos x$, $(\cos x)' = -\sin x$ という簡潔な結果を導くために, 加法定理を変形して「差を積に直す公式」をつくり, また極限値を求めるために $\lim_{h \to 0} \dfrac{\sin h}{h} = 1$ を用いる

など，多くの知識が必要となるのは意外でしたね。

しかし，$(\tan x)'$ は商の微分公式を用いれば簡単に求められます。

$$(\tan x)' = \left(\frac{\sin x}{\cos x}\right)' = \frac{(\sin x)' \cos x - \sin x (\cos x)'}{\cos^2 x}$$

$$= \frac{\cos^2 x + \sin^2 x}{\cos^2 x} = \frac{1}{\cos^2 x}$$

定理 3.4　三角関数の微分

$$(\sin x)' = \cos x, \quad (\cos x)' = -\sin x, \quad (\tan x)' = \frac{1}{\cos^2 x}$$

◆指数関数の微分◆

すでに，n が自然数のとき $\displaystyle\lim_{n\to\infty}\left(1+\frac{1}{n}\right)^n = e$ であることを示しました。次に x が実数

のとき，$\displaystyle\lim_{x\to\infty}\left(1+\frac{1}{x}\right)^x = e$ であることを証明しましょう。

$x \geqq 1$ のとき，$n \leqq x < n+1$ なる自然数 n をとると

$$1 + \frac{1}{n+1} < 1 + \frac{1}{x} \leqq 1 + \frac{1}{n}$$

より

$$\left(1+\frac{1}{n+1}\right)^n < \left(1+\frac{1}{x}\right)^n \leqq \left(1+\frac{1}{x}\right)^x < \left(1+\frac{1}{x}\right)^{n+1} \leqq \left(1+\frac{1}{n}\right)^{n+1}$$

ここで $n \to \infty$ とすると

$$\left(1+\frac{1}{n+1}\right)^n = \left(1+\frac{1}{n+1}\right)^{n+1}\left(1+\frac{1}{n+1}\right)^{-1} = \left(1+\frac{1}{n+1}\right)^{n+1}\frac{1}{1+\dfrac{1}{n+1}} \to e$$

$$\left(1+\frac{1}{n}\right)^{n+1} = \left(1+\frac{1}{n}\right)^n\left(1+\frac{1}{n}\right) \to e$$

はさみうちの原理より

$$\lim_{x\to\infty}\left(1+\frac{1}{x}\right)^x = e \qquad\qquad \cdots \ (3.5)$$

がいえました。

次に $\lim\limits_{h \to 0} \dfrac{\log(1+h)}{h} = 1$ を導いてみましょう。式 (3.5) は $x = \dfrac{1}{h}$ とおけば $\lim\limits_{h \to 0}(1+h)^{\frac{1}{h}} = e$ と

も書けるので，対数関数の連続性により

$$1 = \log e = \log\left\{\lim_{h \to 0}(1+h)^{\frac{1}{h}}\right\} = \lim_{h \to 0}\left\{\log(1+h)^{\frac{1}{h}}\right\}$$

$$= \lim_{h \to 0}\frac{\log(1+h)}{h} \quad \left(\log(1+h)^{\frac{1}{h}} = \frac{1}{h}\log(1+h)\right)$$

となります。最後の等式は，対数の性質 $\log x^{\alpha} = \alpha \log x$ を使いました。

なお，この結果は $\lim\limits_{h \to 0} \dfrac{h}{\log(1+h)} = 1$ とも書けます。今度はこれを用いて

$$\lim_{x \to 0}\frac{e^x - 1}{x} = 1$$

を示しましょう。

$e^x - 1 = h$ とおくと，$e^x = 1 + h$ で，これは $x = \log(1+h)$ と書き直せます。$x \to 0$ のとき $h \to 0$ ですから

$$\lim_{x \to 0}\frac{e^x - 1}{x} = \lim_{h \to 0}\frac{h}{\log(1+h)} = 1$$

となり示せました。

では、指数関数 $y = e^x$ を微分しましょう。

$f(x) = e^x$ とおくと $f(x+h) = e^{x+h}$ ですから

$$f'(x) = \lim_{h \to 0}\frac{e^{x+h} - e^x}{h} = \lim_{h \to 0}e^x\frac{e^h - 1}{h} = e^x \lim_{h \to 0}\frac{e^h - 1}{h} = e^x \cdot 1 = e^x$$

すなわち

$$(e^x)' = e^x$$

であることがわかりました。$y = e^x$ は微分しても関数の式が不変なのですね。

ところで，底が $a\,(a > 0,\ a \neq 1)$ の指数関数 $y = a^x$ を微分すると，どんな関数になるのでしょうか？ 残念ながら $(a^x)' = a^x$ ではないのです。この関数は $a = e^{\log a}$ という関係と合成関数の微分を用いて微分します。

$$y = a^x = \left(e^{\log a}\right)^x = e^{x \log a}$$

で，$u = x \log a$ とおくと $y = e^u$ であり

$$y' = \frac{dy}{dx} = \frac{dy}{du} \cdot \frac{du}{dx} = (e^u)' (x \log a)' = e^u \cdot \log a = e^{x \log a} \cdot \log a$$

$$= (e^{\log a})^x \cdot \log a = a^x \log a$$

すなわち

$$(a^x)' = a^x \log a \quad (a > 0, \ a \neq 1)$$

となります。

◆対数関数の微分◆

$y = \log x$ を微分してみましょう。$f(x) = \log x$ とおいて

$$f'(x) = \lim_{h \to 0} \frac{\log(x+h) - \log x}{h} = \lim_{h \to 0} \frac{\log \dfrac{x+h}{x}}{h} = \lim_{h \to 0} \frac{\log\left(1 + \dfrac{h}{x}\right)}{h}$$

$$= \lim_{h \to 0} \frac{\log\left(1 + \dfrac{h}{x}\right)}{\dfrac{h}{x}} \cdot \frac{1}{x} = 1 \cdot \frac{1}{x} = \frac{1}{x}$$

よって

$$(\log x)' = \frac{1}{x}$$

を得ます。なお，$x < 0$ のときは $-x > 0$ となるので，合成関数の微分の公式より

$$\{\log(-x)\}' = \frac{1}{-x} \cdot (-1) = \frac{1}{x}$$

となります。したがって，次のように書けます。

$$(\log|x|)' = \frac{1}{x}$$

定理 3.5   指数関数・対数関数の微分

$$(e^x)' = e^x, \quad (a^x)' = a^x \log a \ (a > 0, \ a \neq 1), \quad (\log|x|)' = \frac{1}{x}$$

いろいろな関数を微分してみましょう。

例1　$y=\cos^5 x$　　　　　　$u=\cos x$　とおくと　$y=u^5$

$$y'=\frac{dy}{dx}=\frac{dy}{du}\cdot\frac{du}{dx}=\left(u^5\right)'\left(\cos x\right)'=5u^4\left(-\sin x\right)=-5\cos^4 x\sin x$$

例2　$y=\sin 5x$　　　　　　$u=5x$　とおくと　$y=\sin u$

$$y'=\frac{dy}{dx}=\frac{dy}{du}\cdot\frac{du}{dx}=\left(\sin u\right)'\left(5x\right)'=\cos u\cdot 5=5\cos 5x$$

例3　$y=e^{2x+3}$　　　　　　$u=2x+3$　とおくと　$y=e^u$

$$y'=\frac{dy}{dx}=\frac{dy}{du}\cdot\frac{du}{dx}=\left(e^u\right)'\left(2x+3\right)'=e^u\cdot 2=2e^{2x+3}$$

例4　$y=\log\left(x^2+1\right)$　　　$u=x^2+1$　とおくと　$y=\log u$

$$y'=\frac{dy}{dx}=\frac{dy}{du}\cdot\frac{du}{dx}=\left(\log u\right)'\left(x^2+1\right)'=\frac{1}{u}\cdot 2x=\frac{2x}{x^2+1}$$

例 題 ⑩

次の関数を微分せよ。

① 　$y=\sin^2 x$　　　　　② 　$y=\cos\left(2x+1\right)$

③ 　$y=e^{x^2+x}$　　　　　④ 　$y=\left(\log x\right)^3$

解き方

①　$u=\sin x$　とおくと　$y=u^2$

$$y'=\frac{dy}{dx}=\frac{dy}{du}\cdot\frac{du}{dx}=\left(u^2\right)'\left(\sin x\right)'=2u\cdot\boxed{\quad\text{ア}\quad}=\boxed{\qquad\text{イ}\qquad}$$

②　$u=2x+1$　とおくと　$y=\cos u$

$$y'=\frac{dy}{dx}=\frac{dy}{du}\cdot\frac{du}{dx}=\left(\cos u\right)'\left(2x+1\right)'=\boxed{\quad\text{ウ}\quad}\cdot 2=\boxed{\qquad\text{エ}\qquad}$$

③　$u=x^2+x$　とおくと　$y=e^u$

$$y'=\frac{dy}{dx}=\frac{dy}{du}\cdot\frac{du}{dx}=\left(e^u\right)'\left(x^2+x\right)'=\boxed{\quad\text{オ}\quad}\cdot\left(2x+1\right)=\boxed{\qquad\text{カ}\qquad}$$

④　$u=\log x$　として　$y=u^3$

$$y'=\frac{dy}{dx}=\frac{dy}{du}\cdot\frac{du}{dx}=\left(u^3\right)'\left(\log x\right)'=3u^2\cdot\boxed{キ}=\boxed{ク}$$

練習問題 7

次の関数を微分せよ。

①　$y=\sin^4 x$ 　　　　　　　　②　$y=\sin\dfrac{1}{x}$

③　$y=e^{x^3}$ 　　　　　　　　　④　$y=2^x$

⑤　$y=\log\left(x^2+x+1\right)$ 　　　　⑥　$y=\log\left|\log x\right|$

積・商の微分公式を用いれば，さらにいろいろな関数が微分できます。

例1　$y=xe^x$

$$y'=\left(xe^x\right)'=\left(x\right)'e^x+x\left(e^x\right)'=1\cdot e^x+x\cdot e^x=\left(1+x\right)e^x$$

「積・商の微分
公式」の確認は
59ページ参照

例2　$y=\dfrac{\log x}{x}$

$$y'=\frac{\left(\log x\right)'x-\log x\cdot\left(x\right)'}{x^2}=\frac{\dfrac{1}{x}\cdot x-\log x\cdot 1}{x^2}=\frac{1-\log x}{x^2}$$

例3　$y=e^x\sin x$

$$y'=\left(e^x\sin x\right)'=\left(e^x\right)'\sin x+e^x\left(\sin x\right)'=e^x\sin x+e^x\cos x=e^x\left(\sin x+\cos x\right)$$

例題 11

次の関数を微分せよ。

①　$y=x^2 e^x$ 　　　　②　$y=x\log x$ 　　　　③　$y=\dfrac{\cos x}{\sin x}$

解き方

① $y' = \left(x^2 e^x\right)' = \left(x^2\right)' e^x + x^2 \left(e^x\right)'$

$= \boxed{\quad ア \quad} e^x + x^2 \boxed{\quad イ \quad} = \left(\boxed{\qquad ウ \qquad}\right) e^x$

② $y' = \left(x \log x\right)' = \left(x\right)' \log x + x \left(\log x\right)'$

$= 1 \cdot \log x + x \cdot \boxed{\quad エ \quad} = \boxed{\qquad オ \qquad}$

③ $y' = \left(\dfrac{\cos x}{\sin x}\right)' = \dfrac{\left(\cos x\right)' \sin x - \cos x \left(\sin x\right)'}{\sin^2 x}$

$= \dfrac{\boxed{\quad カ \quad} \sin x - \cos x \boxed{\quad キ \quad}}{\sin^2 x} = \boxed{\quad ク \quad}$

練 習 問 題 8

次の関数を微分せよ。

① $y = \left(x^2 - x + 1\right) e^x$　　　　② $y = e^x \tan x$

③ $y = \sin x \tan x$

3.4 逆三角関数

三角関数 $y=\sin x$, $y=\cos x$, $y=\tan x$のグラフについて復習しておきましょう。

① $y=\sin x$のグラフ

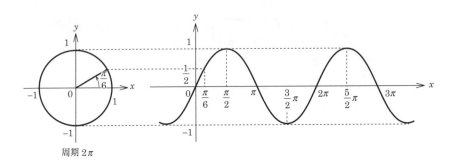

周期2π

② $y=\cos x$のグラフ

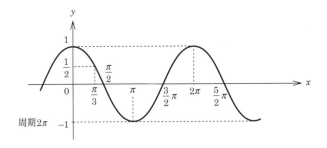

周期2π

$\cos x = \sin\left(x+\dfrac{\pi}{2}\right)$より，②のグラフは①のグラフを$x$軸方向に$-\dfrac{\pi}{2}$だけ平行移動すれば得られます。

③　$y=\tan x$のグラフ

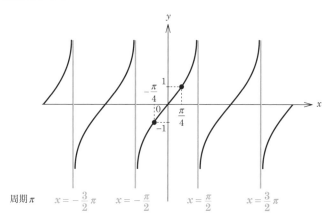

周期π　$x=-\dfrac{3}{2}\pi$　　$x=-\dfrac{\pi}{2}$　　　$x=\dfrac{\pi}{2}$　　　$x=\dfrac{3}{2}\pi$

$\tan x=\dfrac{\sin x}{\cos x}$ から，分母が0になるxの値すなわち，$x=\dfrac{\pi}{2}+2n\pi$, $-\dfrac{\pi}{2}+2m\pi$（n, m は整数）のところでグラフは不連続になります。

では三角関数のグラフについて、基本的な事項を確認しておきましょう。

例題 12

次のグラフは$y=\sin x$, $y=\cos x$, $y=\tan x$のどれか？　□に関数の式を記入せよ。また，各グラフの□に適切な値を入れよ。

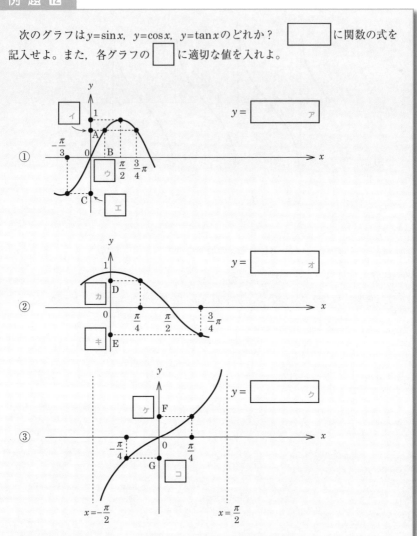

解き方

① 原点を通り，$x=\dfrac{\pi}{2}$ のとき $y=1$ であるから，これは $y=\boxed{}_{ア}$ のグラフである。

A は $x=\dfrac{3}{4}\pi$ のときの y の値であるから，A $=\boxed{}_{イ}$。B は $x=\dfrac{3}{4}\pi$ のときと同じ y の値

をとる x の値だから B $=\boxed{}_{ウ}$。C は $x=-\dfrac{\pi}{3}$ のときの y の値であるから C $=\boxed{}_{エ}$。

② $x=0$ のとき $y=1$ であるから，これは $y=\boxed{}_{オ}$ のグラフである。D は $x=\dfrac{\pi}{4}$ の

ときの y の値だから，D $=\boxed{}_{カ}$。E は $x=\dfrac{3}{4}\pi$ のときの y の値だから E $=\boxed{}_{キ}$。

③ $x=\dfrac{\pi}{2}$，$-\dfrac{\pi}{2}$ で不連続だから，これは $y=\boxed{}_{ク}$ のグラフである。F は $x=\dfrac{\pi}{4}$

のときの y の値だから，F $=\boxed{}_{ケ}$。G は $x=-\dfrac{\pi}{4}$ のときの y の値だから G $=\boxed{}_{コ}$。■

$y=\sin x$ のグラフについて，もう少し深く考えてみましょう。

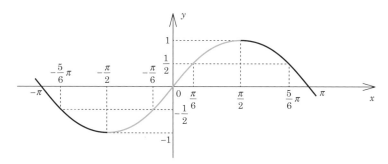

たとえば，$0\leqq x\leqq\pi$ の範囲では，$y=\dfrac{1}{2}$ に対応する x の値は，$x=\dfrac{\pi}{6}$ と $x=\dfrac{5}{6}\pi$ の2つ

あります。同様に，$-\pi\leqq x\leqq0$ の範囲では，$y=-\dfrac{1}{2}$ に対応する x の値は，$x=-\dfrac{5}{6}\pi$ と

$x=-\dfrac{\pi}{6}$ の2つあります。しかし，もし x の範囲を $-\dfrac{\pi}{2}\leqq x\leqq\dfrac{\pi}{2}$ に制限すると，グラフは

緑色の部分となり，この範囲では

$\qquad y=\dfrac{1}{2}$ に対応する x の値は　$x=\dfrac{\pi}{6}$ のみ

$\qquad y=-\dfrac{1}{2}$ に対応する x の値は　$x=-\dfrac{\pi}{6}$ のみ

となります。$-\dfrac{\pi}{2} \leqq x \leqq \dfrac{\pi}{2}$ の範囲では，$y = \sin x$ のグラフは 狭義の単調増加 関数ですから，$-1 \leqq y \leqq 1$ のすべての y の値に対して，対応する x の値はただ 1 つに決まることがわかります。これを 1対1対応 といいます。

このように $y = \sin x$ のグラフを $-\dfrac{\pi}{2} \leqq x \leqq \dfrac{\pi}{2}$ の範囲に制限したとき，y の値 b から対応する x の値 a を求めることを

$$a = \mathrm{Sin}^{-1} b \quad （\text{エー　イコール　アーク・サイン・ビーと読みます}）$$

と書きましょう。つまり

$$a = \mathrm{Sin}^{-1} b \ \Leftrightarrow \ \sin a = b$$

であり，$\sin x$ の値が b になるような $x = a$ の値を求めるということなのです。

たとえば

$$\mathrm{Sin}^{-1} \dfrac{1}{2} = \dfrac{\pi}{6} \quad （\Leftrightarrow \sin \dfrac{\pi}{6} = \dfrac{1}{2}）$$

$$\mathrm{Sin}^{-1} \left(-\dfrac{1}{2}\right) = -\dfrac{\pi}{6} \quad （\Leftrightarrow \sin \left(-\dfrac{\pi}{6}\right) = -\dfrac{1}{2}）$$

となります。このほかにも

$$\mathrm{Sin}^{-1} 1 = \dfrac{\pi}{2}, \quad \mathrm{Sin}^{-1} (-1) = -\dfrac{\pi}{2}, \quad \mathrm{Sin}^{-1} 0 = 0$$

であることがグラフから明らかですね。

同様に，$y = \cos x$ のグラフも，$0 \leqq x \leqq \pi$ の範囲に制限すれば，y の値と x の値との 1 対 1 対応をつくることができます。

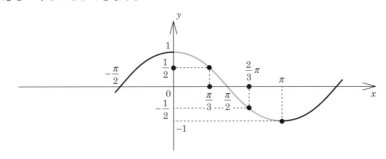

グラフから容易に

$$y = \dfrac{1}{2} \ \text{に対応する} \ x \ \text{の値は} \quad x = \dfrac{\pi}{3} \ \text{のみ}$$

$$y=-\frac{1}{2}\text{ に対応する }x\text{ の値は　}x=\frac{2}{3}\pi\text{ のみ}$$

であることがわかります。$y=\cos x$ のグラフで，y の値 b をとる x の値 a を求めることを

$$a=\mathrm{Cos}^{-1}b\quad(\text{エー　イコール　アーク・コサイン・ビーと読みます})$$

と書きましょう。つまり

$$a=\mathrm{Cos}^{-1}b\quad\Leftrightarrow\quad\cos a=b$$

ということであり，たとえば

$$\mathrm{Cos}^{-1}\frac{1}{2}=\frac{\pi}{3}\quad(\Leftrightarrow\cos\frac{\pi}{3}=\frac{1}{2})$$

$$\mathrm{Cos}^{-1}\left(-\frac{1}{2}\right)=\frac{2}{3}\pi\quad(\Leftrightarrow\cos\frac{2}{3}\pi=-\frac{1}{2})$$

などと書けます。このほかにも

$$\mathrm{Cos}^{-1}1=0,\quad\mathrm{Cos}^{-1}(-1)=\pi,\quad\mathrm{Cos}^{-1}0=\frac{\pi}{2}$$

であることがグラフからわかりますね。

　最後に，$y=\tan x$ のグラフでも1対1対応をつくってみましょう。これはグラフを $-\frac{\pi}{2}<x<\frac{\pi}{2}$ の範囲に制限します。等号が入らないので注意してください。

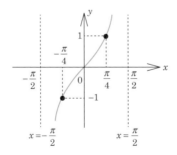

　$y=\tan x$ のグラフは，$-\frac{\pi}{2}<x<\frac{\pi}{2}$ の範囲で，y の値はすべての実数をとります。これまでと同様，y の値 b に対応する x の値 a を求めることを

$$a=\mathrm{Tan}^{-1}b\quad(\text{エー　イコール　アーク・タンジェント・ビーと読みます})$$

と書きましょう。つまり

$$a=\mathrm{Tan}^{-1}b\quad\Leftrightarrow\quad\tan a=b$$

ですね。たとえば

$$\text{Tan}^{-1}1 = \frac{\pi}{4} \quad \left(\Leftrightarrow \tan\frac{\pi}{4} = 1 \right)$$

$$\text{Tan}^{-1}(-1) = -\frac{\pi}{4} \quad \left(\Leftrightarrow \tan\left(-\frac{\pi}{4}\right) = -1 \right)$$

などと書けます。また，グラフから

$$\text{Tan}^{-1}0 = 0$$

であることは明らかですね。

例 題 ⑬

次の値を求めよ。

① $\text{Sin}^{-1}\dfrac{\sqrt{3}}{2}$ 　　　 $\text{Sin}^{-1}\left(-\dfrac{\sqrt{3}}{2}\right)$ 　　　 $\text{Sin}^{-1}\dfrac{1}{\sqrt{2}}$

② $\text{Cos}^{-1}\dfrac{1}{\sqrt{2}}$ 　　　 $\text{Cos}^{-1}\left(-\dfrac{1}{\sqrt{2}}\right)$ 　　　 $\text{Cos}^{-1}\dfrac{\sqrt{3}}{2}$

③ $\text{Tan}^{-1}\dfrac{1}{\sqrt{3}}$ 　　　 $\text{Tan}^{-1}\left(-\dfrac{1}{\sqrt{3}}\right)$ 　　　 $\text{Tan}^{-1}\left(-\sqrt{3}\right)$

解き方

① $-\dfrac{\pi}{2} \leqq x \leqq \dfrac{\pi}{2}$ の範囲で，それぞれ $\sin x = \dfrac{\sqrt{3}}{2}$，$\sin x = -\dfrac{\sqrt{3}}{2}$，$\sin x = \dfrac{1}{\sqrt{2}}$ となる

xの値を求めると

$$\text{Sin}^{-1}\frac{\sqrt{3}}{2} = \boxed{}_{ア}, \quad \text{Sin}^{-1}\left(-\frac{\sqrt{3}}{2}\right) = \boxed{}_{イ}, \quad \text{Sin}^{-1}\frac{1}{\sqrt{2}} = \boxed{}_{ウ}$$

② $0 \leqq x \leqq \pi$ の範囲で，それぞれ $\cos x = \dfrac{1}{\sqrt{2}}$，$\cos x = -\dfrac{1}{\sqrt{2}}$，$\cos x = \dfrac{\sqrt{3}}{2}$ となるxの

値を求めると

$$\text{Cos}^{-1}\frac{1}{\sqrt{2}} = \boxed{}_{エ}, \quad \text{Cos}^{-1}\left(-\frac{1}{\sqrt{2}}\right) = \boxed{}_{オ}, \quad \text{Cos}^{-1}\frac{\sqrt{3}}{2} = \boxed{}_{カ}$$

③ $-\dfrac{\pi}{2} < x < \dfrac{\pi}{2}$ の範囲で，それぞれ $\tan x = \dfrac{1}{\sqrt{3}}$，$\tan x = -\dfrac{1}{\sqrt{3}}$，$\tan x = -\sqrt{3}$ とな

るxの値を求めると

$$\mathrm{Tan}^{-1}\frac{1}{\sqrt{3}} = \boxed{}, \quad \mathrm{Tan}^{-1}\left(-\frac{1}{\sqrt{3}}\right) = \boxed{}, \quad \mathrm{Tan}^{-1}\left(-\sqrt{3}\right) = \boxed{}$$

　ではここで，逆三角関数　$y=\mathrm{Sin}^{-1}x,\ y=\mathrm{Cos}^{-1}x,\ y=\mathrm{Tan}^{-1}x$　をそれぞれ定義しましょう。

　85ページで，$y=\sin x$のグラフにおいて，yの値bから対応するxの値aを求めることを
　　　$a=\mathrm{Sin}^{-1}b$
と書きました。

　ここで関数　$y=\mathrm{Sin}^{-1}x$（アーク・サイン・エックス）を
　　　$y=\mathrm{Sin}^{-1}x \ \Leftrightarrow \ \sin y = x$
で定義し，逆正弦関数といいます。このとき，$y=\mathrm{Sin}^{-1}x$のグラフは下図の実線部分となります。つまり85ページの$y=\sin x$のグラフを，$-\dfrac{\pi}{2} \leqq x \leqq \dfrac{\pi}{2}$ に制限した緑色の部分で，横軸と縦軸を入れ替えたものになります。$y=\sin x$は角xから$\sin$の値を求め，一方で$y=\mathrm{Sin}^{-1}x$は$\sin$の値から角xを求めるので，横軸と縦軸の役割が入れ替わるのは当然ですね。$y=\sin x$の逆関数が$y=\mathrm{Sin}^{-1}x$なのです。

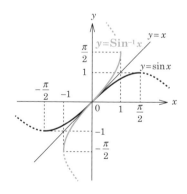

　$y=\mathrm{Sin}^{-1}x$の定義域は$-1 \leqq x \leqq 1$です。また$y=\sin x$と$y=\mathrm{Sin}^{-1}x$は，直線$y=x$に関して対称なグラフになります。

　同様に$y=\mathrm{Cos}^{-1}x$（アーク・コサイン・エックス）は$-1 \leqq x \leqq 1$の範囲で定義され，値域は$0 \leqq y \leqq \pi$となります。

$$y = \mathrm{Cos}^{-1}x \quad \Leftrightarrow \quad \cos y = x$$

であり，逆余弦関数といいます。

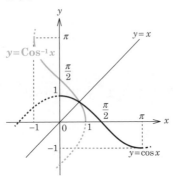

$y = \mathrm{Tan}^{-1}x$（アーク・タンジェント・エックス）は積分計算で重要な役割を果たす関数です。

$$y = \mathrm{Tan}^{-1}x \quad \Leftrightarrow \quad \tan y = x$$

であり，逆正接関数といいます。この関数は任意の実数xに対して定義され，値域は

$-\dfrac{\pi}{2} < y < \dfrac{\pi}{2}$ となります。

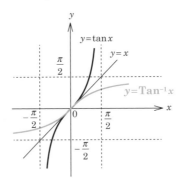

三角関数の$\sin x$と$\cos x$には

$$\cos\left(\frac{\pi}{2} - x\right) = \sin x$$

という関係がありました。この関係は，逆三角関数$y = \mathrm{Sin}^{-1}x$と$y = \mathrm{Cos}^{-1}x$にどのように反映されるのでしょうか？

同じxの値に対する$\mathrm{Sin}^{-1}x$と$\mathrm{Cos}^{-1}x$の値を調べてみましょう。

$x=1$のとき　$\mathrm{Sin}^{-1}1=\dfrac{\pi}{2}$,　$\mathrm{Cos}^{-1}1=0$

$x=\dfrac{1}{2}$のとき　$\mathrm{Sin}^{-1}\dfrac{1}{2}=\dfrac{\pi}{6}$,　$\mathrm{Cos}^{-1}\dfrac{1}{2}=\dfrac{\pi}{3}$

$x=\dfrac{1}{\sqrt{2}}$のとき　$\mathrm{Sin}^{-1}\dfrac{1}{\sqrt{2}}=\dfrac{\pi}{4}$,　$\mathrm{Cos}^{-1}\dfrac{1}{\sqrt{2}}=\dfrac{\pi}{4}$

であり

$$\mathrm{Sin}^{-1}x+\mathrm{Cos}^{-1}x=\dfrac{\pi}{2}$$

となっています。この関係は次のようにして証明できます。

$\mathrm{Sin}^{-1}x=y$とおくと定義から，$\sin y=x\left(-\dfrac{\pi}{2}\leqq y\leqq\dfrac{\pi}{2}\right)$です。ここで，$z=\dfrac{\pi}{2}-y$とおけば，$0\leqq z\leqq\pi$で$\cos z=\cos\left(\dfrac{\pi}{2}-y\right)=\sin y=x$，この範囲で$\mathrm{Cos}^{-1}x=z$です。したがって

$$\mathrm{Sin}^{-1}x+\mathrm{Cos}^{-1}x=y+z=y+\left(\dfrac{\pi}{2}-y\right)=\dfrac{\pi}{2}$$

となることがいえました。

逆三角関数について，もう一度まとめておきましょう。

定義 3.1　逆三角関数

逆正弦関数$\mathrm{Sin}^{-1}x$，逆余弦関数$\mathrm{Cos}^{-1}x$，逆正接関数$\mathrm{Tan}^{-1}x$を次で定義する。

$y=\mathrm{Sin}^{-1}x\iff x=\sin y\quad\left(-1\leqq x\leqq1,\ -\dfrac{\pi}{2}\leqq y\leqq\dfrac{\pi}{2}\right)$

$y=\mathrm{Cos}^{-1}x\iff x=\cos y\quad(-1\leqq x\leqq1,\ 0\leqq y\leqq\pi)$

$y=\mathrm{Tan}^{-1}x\iff x=\tan y\quad\left(-\infty<x<\infty,\ -\dfrac{\pi}{2}<y<\dfrac{\pi}{2}\right)$

3.5   逆三角関数の導関数

逆三角関数 $y=\mathrm{Sin}^{-1}x$, $y=\mathrm{Cos}^{-1}x$, $y=\mathrm{Tan}^{-1}x$ を定義したところで，それぞれの導関数を求めてみましょう。

(1) $y=\mathrm{Sin}^{-1}x$ の導関数

定義より $y=\mathrm{Sin}^{-1}x \Leftrightarrow x=\sin y$ ですから，$x=\sin y$ の両辺を x で微分すると

$$1 = \frac{d}{dx}\bigl(\sin y\bigr)$$

となります。右辺を合成関数の微分の公式によって計算すると

$$1 = \frac{d}{dy}\bigl(\sin y\bigr)\frac{dy}{dx} = \cos y\frac{dy}{dx}$$

この記号はこのまま残る

したがって，$\cos y \neq 0$ のとき

$$\frac{dy}{dx} = \frac{1}{\cos y}$$

$y=\mathrm{Sin}^{-1}x$ の値域は $-\dfrac{\pi}{2} \le y \le \dfrac{\pi}{2}$ で，この範囲で $\cos y \ge 0$ より

$$\cos y = \sqrt{1-\sin^2 y} = \sqrt{1-x^2}$$

また，$\cos y \neq 0$ のとき，$x \neq \pm 1$ であることに注意すると

$$\frac{dy}{dx} = \frac{1}{\sqrt{1-x^2}} \quad (x \neq \pm 1)$$

となります。よって，$y=\mathrm{Sin}^{-1}x$ の導関数は次のようになります。

$$\bigl(\mathrm{Sin}^{-1}x\bigr)' = \frac{1}{\sqrt{1-x^2}} \quad (x \neq \pm 1)$$

(2) $y=\mathrm{Cos}^{-1}x$ の導関数

定義より $x=\cos y$ ですからこの式の両辺を x について微分すると

$$1 = \frac{d}{dx}\bigl(\cos y\bigr) = \frac{d}{dy}\bigl(\cos y\bigr)\frac{dy}{dx} = -\sin y\frac{dy}{dx}$$

よって $\sin y \neq 0$ のとき

$$\frac{dy}{dx} = -\frac{1}{\sin y}$$

ここで，$y=\mathrm{Cos}^{-1}x$ の値域は $0 \le y \le \pi$ で，この範囲で $\sin y \ge 0$ より

$$\sin y = \sqrt{1-\cos^2 y} = \sqrt{1-x^2}$$

$\sin y \neq 0$ のとき $x \neq \pm 1$ であって

$$\frac{dy}{dx} = -\frac{1}{\sqrt{1-x^2}} \quad (x \neq \pm 1)$$

より次式を得ます。

$$\left(\mathrm{Cos}^{-1} x\right)' = -\frac{1}{\sqrt{1-x^2}} \quad (x \neq \pm 1)$$

(3)　$y = \mathrm{Tan}^{-1} x$ の導関数

定義より $x = \tan y$ ですから，この式の両辺を x で微分して

$$1 = \frac{d}{dx}\left(\tan y\right) = \frac{d}{dy}\left(\tan y\right)\frac{dy}{dx} = \frac{1}{\cos^2 y} \cdot \frac{dy}{dx}$$

よって

$$\frac{dy}{dx} = \cos^2 y = \frac{1}{1+\tan^2 y} = \frac{1}{1+x^2}$$

となります。x は任意の実数でよいことに注意しましょう。

$$\left(\mathrm{Tan}^{-1} x\right)' = \frac{1}{1+x^2}$$

逆三角関数の微分では，$\left(\mathrm{Sin}^{-1} x\right)'$ と $\left(\mathrm{Tan}^{-1} x\right)'$ の2つが重要です。しっかり覚えましょう。

さて，ここで関数 $f(x)$ が与えられたとき，その逆関数の微分法の公式を導いてみましょう。

関数 $y = f(x)$ が微分可能であり，$y = g(x)$ をその逆関数，すなわち

$$y = g(x) \iff f(y) = x$$

であるとします。ここで，$f(y) = x$ の両辺を x で微分すると，合成関数の微分法より

$$\frac{d}{dy} f(y)\frac{dy}{dx} = 1 \quad \text{すなわち} \quad f'(y)\frac{dy}{dx} = 1$$

—— この部分はこのまま残る

よって，$f'(y) \neq 0$ のとき

$$\frac{dy}{dx} = \frac{1}{f'(y)}$$

となります。

定理 3.6　逆関数の微分

$y=g(x)$ が微分可能な関数 $y=f(x)$ の逆関数であるとき

$$g'(x)=\frac{1}{f'(y)}$$

ここで，$g'(x)=\dfrac{dy}{dx}$，$f'(y)=\dfrac{dx}{dy}$ ですから，この定理は次のようにも書けます。

$$\frac{dy}{dx}=\frac{1}{\dfrac{dx}{dy}} \qquad\qquad \cdots\ (3.6)$$

式 (3.6) を用いて，$y=\mathrm{Sin}^{-1}x$ の導関数を求めてみましょう。定理3.6の $f(x)$，$g(x)$ がそれぞれ $f(x)=\sin x$，$g(x)=\mathrm{Sin}^{-1}x$ となります。$y=\mathrm{Sin}^{-1}x \Leftrightarrow x=\sin y$ で $x=\sin y$ を y で微分すると

$$\frac{dx}{dy}=(\sin y)'=\cos y=\sqrt{1-\sin^2 y}=\sqrt{1-x^2}$$

となり，$x\neq\pm1$（分母 $\neq0$）のとき，式 (3.6) から

$$\frac{dy}{dx}=\frac{1}{\dfrac{dx}{dy}}=\frac{1}{\sqrt{1-x^2}}$$

を得ます。よって $\left(\mathrm{Sin}^{-1}x\right)'=\dfrac{1}{\sqrt{1-x^2}}$　$(x\neq\pm1)$ が導かれました。

例 題 14

逆関数の微分の公式を用いて $\left(\mathrm{Cos}^{-1}x\right)'$ を求めよ。

解き方　$y=\mathrm{Cos}^{-1}x \Leftrightarrow x=\cos y$ であり，$x=\cos y$ の両辺を y で微分して

$$\frac{dx}{dy}=(\cos y)'=\boxed{\text{ア}}$$

また，$\cos y = x$ より $\sin y = \sqrt{1 - \cos^2 y} = \sqrt{1 - \boxed{}}$

よって，逆関数の微分の公式より $x \neq \pm 1$ のとき

$$\left(\mathrm{Cos}^{-1} x \right)' = \frac{dy}{dx} = \frac{1}{\dfrac{dx}{dy}} = \boxed{}$$

$\dfrac{dy}{dx}$ は x で微分，$\dfrac{dx}{dy}$ は y で微分するということに注意してください。

では最後に，逆関数の微分の公式を用いて，$y = \mathrm{Tan}^{-1} x$ を微分しましょう。三角関数の相互関係　$1 + \tan^2 \theta = \dfrac{1}{\cos^2 \theta}$　を思い出してください。

$y = \mathrm{Tan}^{-1} x \Leftrightarrow x = \tan y$　よりこの式の両辺を y で微分して

$$\frac{dx}{dy} = \left(\tan y \right)' = \frac{1}{\cos^2 y} = 1 + \tan^2 y = 1 + x^2$$

ですから

$$\frac{dy}{dx} = \frac{1}{\dfrac{dx}{dy}} = \frac{1}{1 + x^2}$$

となります。

$$\left(\mathrm{Tan}^{-1} x \right)' = \frac{1}{1 + x^2}$$

定理 3.7　逆三角関数の導関数

① $\left(\mathrm{Sin}^{-1} x \right)' = \dfrac{1}{\sqrt{1 - x^2}}$　　② $\left(\mathrm{Cos}^{-1} x \right)' = -\dfrac{1}{\sqrt{1 - x^2}}$　　③ $\left(\mathrm{Tan}^{-1} x \right)' = \dfrac{1}{1 + x^2}$

（①，②ともに $x \neq \pm 1$）

逆三角関数の導関数の公式を用いて，少し複雑な関数を微分してみましょう。たとえば，$y = \mathrm{Sin}^{-1} \dfrac{x}{a} \ (a > 0)$ はどのようにして微分するのでしょうか？　$\dfrac{x}{a} = u$ とおくとこの関数は $y = \sin u$ となり，**定理3.7** ①を使える形になります。合成関数の微分法が

ここでも威力を発揮します。

$$\frac{dy}{dx} = \frac{dy}{du} \cdot \frac{du}{dx} = \left(\text{Sin}^{-1}u\right)'\left(\frac{x}{a}\right)' = \frac{1}{\sqrt{1-u^2}} \cdot \frac{1}{a} = \frac{1}{\sqrt{1-\left(\frac{x}{a}\right)^2}} \cdot \frac{1}{a}$$

$$= \frac{1}{\sqrt{\frac{a^2-x^2}{a^2}}} \cdot \frac{1}{a} = \frac{a}{\sqrt{a^2-x^2}} \cdot \frac{1}{a} = \frac{1}{\sqrt{a^2-x^2}}$$

よって

$$\left(\text{Sin}^{-1}\frac{x}{a}\right)' = \frac{1}{\sqrt{a^2-x^2}}$$

となります。$a=1$ のときが 定理3.7 ①ですね。これは積分の計算でも頻繁に用いられる重要な公式です。

例題 15

関数 $y = \text{Tan}^{-1}\dfrac{x}{a}$ $(a>0)$ を微分せよ。

解き方 $\dfrac{x}{a} = u$ とおくと $y = \text{Tan}^{-1}u$ となるから，合成関数の微分法より

$$\frac{dy}{dx} = \frac{dy}{du} \cdot \frac{du}{dx} = \left(\text{Tan}^{-1}u\right)'\left(\frac{x}{a}\right)' = \frac{1}{1+u^2} \cdot \boxed{}_{ア}$$

$$= \frac{1}{1+\dfrac{x^2}{a^2}} \cdot \boxed{}_{ア} = \frac{a^2}{\boxed{}_{イ}} \cdot \boxed{}_{ア} = \boxed{}_{ウ}$$

例題 15 から，次の公式を得ます。

$$\left(\frac{1}{a}\text{Tan}^{-1}\frac{x}{a}\right)' = \frac{1}{a^2+x^2} \quad (a>0)$$

今度は関数 $y = \text{Sin}^{-1}\dfrac{1}{x}$ $(x>1)$ を微分してみましょう。単に

$$\left(\mathrm{Sin}^{-1}\frac{1}{x}\right)' = \frac{1}{\sqrt{1-\left(\dfrac{1}{x}\right)^2}}$$

とだけ書いてはいけません。$\dfrac{1}{x}$ を微分しなければいけないからです。$\dfrac{1}{x}=u$ とおいて $y=\mathrm{Sin}^{-1}u$ として合成関数の微分法を用います。

$$\frac{dy}{dx} = \frac{dy}{du}\cdot\frac{du}{dx} = \left(\mathrm{Sin}^{-1}u\right)'\left(\frac{1}{x}\right)' = \frac{1}{\sqrt{1-u^2}}\cdot\left(-\frac{1}{x^2}\right) = \frac{1}{\sqrt{1-\left(\dfrac{1}{x}\right)^2}}\cdot\left(-\frac{1}{x^2}\right)$$

$$= \frac{1}{\sqrt{1-\dfrac{1}{x^2}}}\left(-\frac{1}{x^2}\right) = \frac{1}{\sqrt{\dfrac{x^2-1}{x^2}}}\left(-\frac{1}{x^2}\right) = \frac{x}{\sqrt{x^2-1}}\left(-\frac{1}{x^2}\right) = -\frac{1}{x\sqrt{x^2-1}}$$

となります。

例題 16

関数 $y = \mathrm{Tan}^{-1}\dfrac{1}{x}$ を微分せよ。

解き方 $\dfrac{1}{x}=u$ とおくと $y=\mathrm{Tan}^{-1}u$，合成関数の微分法より

$$\frac{dy}{dx} = \frac{dy}{du}\cdot\frac{du}{dx} = \left(\mathrm{Tan}^{-1}u\right)'\left(\frac{1}{x}\right)'$$

$$= \frac{1}{1+u^2}\cdot\left(\boxed{\ \ \ \tiny{ア}\ \ }\right) = \frac{1}{1+\dfrac{1}{x^2}}\cdot\left(\boxed{\ \ \ \tiny{ア}\ \ }\right) = \boxed{\ \ \tiny{イ}\ \ }$$

=== 練 習 問 題 ⑨ ===

　次の関数を微分せよ。指示に従うこと。

① $y = \mathrm{Sin}^{-1} 2x$　　　　　$[\, 2x = u \text{ とおく} \,]$

② $y = \mathrm{Cos}^{-1} x^2$　　　　　$[\, x^2 = u \text{ とおく} \,]$

③ $y = \mathrm{Tan}^{-1}(\sin x)$　　　$[\, \sin x = u \text{ とおく} \,]$

④ $y = \mathrm{Sin}^{-1} \sqrt{x}$　　　　$[\, \sqrt{x} = u \text{ とおく} \,]$

⑤ $y = \mathrm{Tan}^{-1} \dfrac{1}{\sqrt{x}}$　　　$\left[\, \dfrac{1}{\sqrt{x}} = u \text{ とおく} \,\right]$

　今度は微分計算をスピーディーに行うために，置き換えずに'直接'微分しましょう。たとえば練習問題⑨の①は

$$\left(\mathrm{Sin}^{-1} 2x \right)' = \frac{\left(2x \right)'}{\sqrt{1 - \left(2x \right)^2}} = \frac{2}{\sqrt{1 - 4x^2}}$$

というように計算します。②～⑤をこの方法で解いてみましょう。

=== 練 習 問 題 ⑩ ===

　次の関数を微分せよ。

① $y = \mathrm{Cos}^{-1} x^2$　　　　　　② $y = \mathrm{Tan}^{-1}(\sin x)$

③ $y = \mathrm{Sin}^{-1} \sqrt{x}$　　　　　　④ $y = \mathrm{Tan}^{-1} \dfrac{1}{\sqrt{x}}$

=== 練 習 問 題 ⑪ ===

次の関数を微分せよ。

① $y = \mathrm{Sin}^{-1}(2x - 3)$

② $y = \mathrm{Tan}^{-1} x^2$

③ $y = \mathrm{Tan}^{-1} 3x^2$

④ $y = \mathrm{Sin}^{-1}(x^2 + x - 1)$

⑤ $y = \mathrm{Tan}^{-1} \dfrac{x-1}{x+1}$

⑥ $y = \mathrm{Tan}^{-1} x + \mathrm{Tan}^{-1} \dfrac{1}{x}$

ここで，円周率 π を用いて表される等式

$$\mathrm{Tan}^{-1}\frac{1}{2} + \mathrm{Tan}^{-1}\frac{1}{3} = \frac{\pi}{4}$$

を証明してみましょう。$\mathrm{Tan}^{-1}\dfrac{1}{2} = x$，$\mathrm{Tan}^{-1}\dfrac{1}{3} = y$ とおくと $\tan x = \dfrac{1}{2}$，$\tan y = \dfrac{1}{3}$ ですから，$\tan x$ の加法定理より

$$\tan(x + y) = \frac{\tan x + \tan y}{1 - \tan x \tan y} = \frac{\dfrac{1}{2} + \dfrac{1}{3}}{1 - \dfrac{1}{2} \cdot \dfrac{1}{3}} = \frac{\dfrac{5}{6}}{\dfrac{5}{6}} = 1$$

ここで，$\tan x = \dfrac{1}{2}$ で $0 < \dfrac{1}{2} < \dfrac{\sqrt{2}}{2} = \dfrac{1}{\sqrt{2}}$ より $0 < x < \dfrac{\pi}{4}$

$\tan y = \dfrac{1}{3}$ で $0 < \dfrac{1}{3} < \dfrac{1}{2} < \dfrac{1}{\sqrt{2}}$ より $0 < y < \dfrac{\pi}{4}$ なので，$x+y$ の範囲は $0 < x+y < \dfrac{\pi}{2}$

となりますから，この範囲で $\tan(x+y) = 1$ を満たす $x+y$ の値は $x + y = \dfrac{\pi}{4}$ より

$$x + y = \mathrm{Tan}^{-1}\frac{1}{2} + \mathrm{Tan}^{-1}\frac{1}{3} = \frac{\pi}{4}$$

が得られました。$\mathrm{Tan}^{-1}\dfrac{1}{2}$ と $\mathrm{Tan}^{-1}\dfrac{1}{3}$ のそれぞれは求められなくとも，和が求められて $\dfrac{\pi}{4}$ に等しいというのは興味深いですね。

3.6   対数関数の導関数（再）

94ページの逆関数の微分を用いて，対数関数 $y = \log x$ を微分しましょう。

$$y = \log x \iff x = e^y$$

ですから，両辺を y で微分して

$$\frac{dx}{dy} = \left(e^y\right)' = e^y = x$$

よって式 (3.6) より

$$y' = \frac{dy}{dx} = \frac{1}{\dfrac{dx}{dy}} = \frac{1}{x}$$

となります。いま $y = \log x$ ですから

$$\left(\log x\right)' = \frac{1}{x}$$

を得ます。

　上の結果は，78ページで述べたように真数に絶対値記号をつけて

$$\left(\log|x|\right)' = \frac{1}{x}$$

と書けました。

　上式は

$$\left(\log|f(x)|\right)' = \frac{f'(x)}{f(x)}$$

と一般化することができます。たとえば

$$\left\{\log\left(x^2 + x + 1\right)\right\}' = \frac{\left(x^2 + x + 1\right)'}{x^2 + x + 1} = \frac{2x + 1}{x^2 + x + 1}$$

のように計算できます。この関数の真数は

$$x^2 + x + 1 = \left(x + \frac{1}{2}\right)^2 + \frac{3}{4} > 0 \quad \text{（絶対不等式）}$$

で常に正の値をとり，$\log\left|x^2 + x + 1\right|$ ではなく $\log\left(x^2 + x + 1\right)$ と書けます。

例題 17

次の関数を微分せよ。

① $y = \log(x^2 - x + 1)$ ② $y = \log|x^2 - 1|$ ③ $y = \log|2 - x|$

解

① $y' = \left\{\log(x^2 - x + 1)\right\}' = \dfrac{(x^2 - x + 1)'}{x^2 - x + 1} = \boxed{}$

② $y' = \left(\log|x^2 - 1|\right)' = \dfrac{(x^2 - 1)'}{x^2 - 1} = \boxed{}$

③ $y' = \left(\log|2 - x|\right)' = \dfrac{(2 - x)'}{2 - x} = \boxed{}$

練 習 問 題 12

次の関数を微分せよ。

① $y = \log(3x^2 + x + 1)$ ② $y = \log|\cos x|$ ③ $y = \log|\tan x|$

あと2つ，有名な関数の微分を紹介しておきましょう。

(1) $y = \log\left|x + \sqrt{x^2 + A}\right|$ $(A \neq 0)$

$$y' = \frac{\left(x + \sqrt{x^2 + A}\right)'}{x + \sqrt{x^2 + A}} = \frac{1 + \dfrac{1}{2}(x^2 + A)^{-\frac{1}{2}} \cdot 2x}{x + \sqrt{x^2 + A}} = \frac{1 + \dfrac{x}{\sqrt{x^2 + A}}}{x + \sqrt{x^2 + A}}$$

$$= \frac{\left(1 + \dfrac{x}{\sqrt{x^2 + A}}\right)\sqrt{x^2 + A}}{\left(x + \sqrt{x^2 + A}\right)\sqrt{x^2 + A}} = \frac{\sqrt{x^2 + A} + x}{\left(x + \sqrt{x^2 + A}\right)\sqrt{x^2 + A}} = \frac{1}{\sqrt{x^2 + A}}$$

よって，次の公式を得ます。

$$\left(\log\left|x+\sqrt{x^2+A}\right|\right)' = \frac{1}{\sqrt{x^2+A}} \quad (A \neq 0)$$

(2)　$y = \dfrac{1}{2a}\log\left|\dfrac{x-a}{x+a}\right| \quad (a \neq 0)$

$$y' = \frac{1}{2a} \cdot \frac{\left(\dfrac{x-a}{x+a}\right)'}{\dfrac{x-a}{x+a}} = \frac{1}{2a} \cdot \frac{\dfrac{x+a-(x-a)}{(x+a)^2}}{\dfrac{x-a}{x+a}} = \frac{1}{2a} \cdot \frac{\dfrac{2a}{(x+a)^2}}{\dfrac{x-a}{x+a}}$$

$$= \frac{1}{2a} \cdot \frac{2a}{(x+a)(x-a)} = \frac{1}{x^2-a^2}$$

よって，次の公式を得ます。

$$\left(\frac{1}{2a}\log\left|\frac{x-a}{x+a}\right|\right)' = \frac{1}{x^2-a^2} \quad \text{または} \quad \left(\log\left|\frac{x-a}{x+a}\right|\right)' = \frac{2a}{x^2-a^2}$$

第 4 章

微分の応用

$$e^x$$
$$= 1 + x + \frac{1}{2!}x^2 + \frac{1}{3!}x^3 + \frac{1}{4!}x^4 + \frac{1}{5!}x^5 + \cdots$$

4.1 第2次導関数と変曲点・高階導関数

いろいろな関数を微分できるようになったところで，もう少し深く微分の意味を考えてみましょう。たとえば3次関数

$$y = x^3$$

をxで微分すると，その導関数は

$$y' = 3x^2$$

であり，これは$y = x^3$のグラフ上の任意の点における接線の傾きを与える関数でした。では，y'をもう一度xで微分した第2次導関数

$$y'' = 6x$$

はどんな意味をもっているのでしょうか？　y'の導関数がy''ですから

　$y'' > 0 \Leftrightarrow 6x > 0 \Leftrightarrow x > 0$より，$x > 0$の範囲で接線の傾きが単調に増加し

　$y'' < 0 \Leftrightarrow 6x < 0 \Leftrightarrow x < 0$より，$x < 0$の範囲で接線の傾きが単調に減少する

ということがわかります。実際に，$y = x^3$のグラフを見てみると

　$x > 0$の範囲では，接線の傾きは単調に増加し

　$x < 0$の範囲では，接線の傾きは単調に減少する

ことがわかります。さらに，

　$x > 0$のとき，グラフは接線の上側にあり

　$x < 0$のとき，グラフは接線の下側にある

ことがわかります。

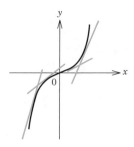

　一般に，関数$y = f(x)$上の点$P(p, f(p))$における接線を引くとき，点Pの近くで曲線がその接線の下側にあれば，曲線は$x = p$において上に凸であるといいます。下に凸であることも同様に定義されます。

上に凸

下に凸

関数$y=f(x)$が区間Iのすべての点において上に凸のとき，曲線は区間Iにおいて上に凸であるといいます。区間Iにおいて下に凸であることも同様に定義されます。

定理 4.1　第2次導関数の符号と曲線

関数$y=f(x)$が区間Iで2回微分可能であるとき
(1)　Iで$f''(x)>0$ならば，曲線$y=f(x)$はIで下に凸である。
(2)　Iで$f''(x)<0$ならば，曲線$y=f(x)$はIで上に凸である。

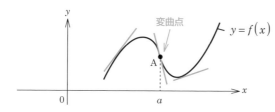

変曲点

$y=f(x)$

変曲点$x=a$で引いた接線は
グラフを横切る（交差する）

A

$x<a$と$x>a$とで曲線の凹凸が変わるとき，点$A(a,\ f(a))$をこの曲線の変曲点といいます。$y=x^3$のグラフでは，$x<0$と$x>0$とで曲線の凹凸が変わっているので，$x=0$が変曲点です。変曲点で接線を引くと，その接線はグラフを横切り（交差し）ます。

曲線の変曲点がわかれば，より詳しく関数のグラフを描くことができます。いくつか例を見てみましょう。矢印 ⤴，⤵ などで，曲線の凹凸を表します。

例1　$y=\sin x \quad (-\pi \leqq x \leqq \pi)$
　　　$y'=\cos x,\ y''=-\sin x$

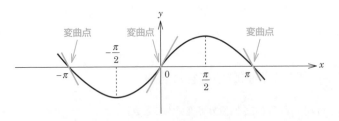

x	$-\pi$	$\cdots$	$-\dfrac{\pi}{2}$	$\cdots$	0	$\cdots$	$\dfrac{\pi}{2}$	$\cdots$	π
y'	$-$	$-$	0	$+$	$+$	$+$	0	$-$	$-$
y''	0	$+$	$+$	$+$	0	$-$	$-$	$-$	0
y	変曲点	$\searrow$	極小	$\nearrow$	変曲点	$\nearrow$	極大	$\searrow$	変曲点

例2 $y=e^{-x^2}$

$y'=-2xe^{-x^2}$, $y'=0$ より $x=0$

$y''=2\left(2x^2-1\right)e^{-x^2}$, $y''=0$ より $x=\pm\dfrac{1}{\sqrt{2}}$

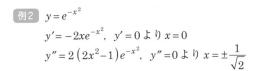

x	$\cdots$	$-\dfrac{1}{\sqrt{2}}$	$\cdots$	0	$\cdots$	$\dfrac{1}{\sqrt{2}}$	$\cdots$
y'	$+$	$+$	$+$	0	$-$	$-$	$-$
y''	$+$	0	$-$	$-$	$-$	0	$+$
y	$\nearrow$	変曲点	$\nearrow$	極大	$\searrow$	変曲点	$\searrow$

例題 1

関数 $y = \dfrac{1}{x^2+1}$ の増減，極値，変曲点を調べ，グラフの概形を描け。

解き方

$$y' = \left(\frac{1}{x^2+1}\right)' = -\frac{2x}{\left(x^2+1\right)^2}$$

$y' = 0$ より　$x = \boxed{\text{ア}}$，　このとき　$y = \boxed{\text{イ}}$

$$y'' = \left\{-\frac{2x}{\left(x^2+1\right)^2}\right\}' = -\frac{2\left(x^2+1\right)^2 - 2x \cdot 2\left(x^2+1\right) \cdot 2x}{\left(x^2+1\right)^4} = \frac{2\left(\boxed{\text{ウ}}\right)}{\left(x^2+1\right)^3}$$

$y'' = 0$ とおいて　$x = \boxed{\text{エ}}$，$\boxed{\text{オ}}$

x	$\cdots$	$\boxed{\text{エ}}$	$\cdots$	$\boxed{\text{ア}}$	$\cdots$	$\boxed{\text{オ}}$	$\cdots$
y'	$+$	$+$	$+$	0	$-$	$-$	$-$
y''	$+$	0	$-$	$-$	$-$	0	$+$
y	⤴	変曲点	↗	極大	↘	変曲点	⤵

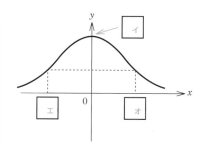

グラフは右図のようになる。

　グラフをより詳しく描こうとすると，第2次導関数が必要になることがわかりましたね。では，いくつかの関数の第2次導関数を求める練習をしましょう。

例題 2

次の関数の第2次導関数を求めよ。
① $y = \cos x$　　② $y = e^x$　　③ $y = \log x$

解き方

① $y' = -\sin x$ 　より　$y'' = \boxed{}$ ア

② $y' = e^x$ より　$y'' = \boxed{}$ イ

③ $y' = \dfrac{1}{x}$ より　$y'' = \boxed{}$ ウ

　関数 $y = f(x)$ の第2次導関数は，y'' のほかにも

$$f''(x), \quad \frac{d^2 y}{dx^2}, \quad \frac{d^2 f}{dx^2}(x)$$

などといった記号を用いて表されます。また，関数 $f(x)$ を n 回繰り返し微分して得られる関数を，n 階導関数（第 n 次導関数）といい

$$y^{(n)}, \quad f^{(n)}(x), \quad \frac{d^n y}{dx^n}, \quad \frac{d^n f}{dx^n}(x)$$

などと書きます。また，$f^{(0)}(x) = f(x)$ と約束します。

　$f^{(n)}(x)$ が存在するとき $f(x)$ は n 回微分可能であるといい，さらに $f^{(n)}(x)$ が連続であるとき，$f(x)$ は n 回連続的微分可能，または C^n 級である，といいます。任意の自然数 n について $f^{(n)}(x)$ が存在するとき $f(x)$ は無限回微分可能，またはなめらかであるといいます。いくつかの関数について $f^{(n)}(x)$ を計算してみましょう。

例1　$y = \sin x$

$y' = \cos x, \quad y'' = -\sin x, \quad y''' = -\cos x, \quad y^{(4)} = \sin x$ より

$$(\sin x)^{(n)} \begin{cases} \sin x & (n = 0, 4, 8, \cdots) \\ \cos x & (n = 1, 5, 9, \cdots) \\ -\sin x & (n = 2, 6, 10, \cdots) \\ -\cos x & (n = 3, 7, 11, \cdots) \end{cases}$$

　なお，これらの結果は一括して

$$(\sin x)^{(n)} = \sin\left(x + \frac{\pi}{2}n\right)$$

と表すことができます。

例2　$y = e^x$

$y' = e^x,\ y'' = e^x,\ \cdots$ より

$$(e^x)^{(n)} = e^x$$

例3　$y = \log x$

$$y' = \frac{1}{x} = x^{-1},\ y'' = (x^{-1})' = -x^{-2},\ y''' = (-x^{-2})' = 2x^{-3}$$

$$y^{(4)} = (2x^{-3})' = 2\cdot(-3)\cdot x^{-4} = -2\cdot3x^{-4},\ y^{(5)} = (-2\cdot3x^{-4})' = 2\cdot3\cdot4x^{-5}\quad より$$

$$(\log x)^{(n)} = (-1)^{n-1}(n-1)!\,x^{-n}$$

例題 3

次の関数の n 階導関数を求めよ。

① $y = \cos x$　　　② $y = \dfrac{1}{1-x}$

解き方

① $y' = -\sin x,\ y'' = \boxed{\quad ア \quad},\ y''' = \boxed{\quad イ \quad},\ y^{(4)} = \boxed{\quad ウ \quad}$ より

$$(\cos x)^{(n)} = \begin{cases} \cos x & (n = 0,\ 4,\ 8,\ \cdots) \\ -\sin x & (n = 1,\ 5,\ 9,\ \cdots) \\ \boxed{\ エ\ } & (n = 2,\ 6,\ 10,\ \cdots) \\ \boxed{\ オ\ } & (n = 3,\ 7,\ 11,\ \cdots) \end{cases}$$

これらを一括して　$(\cos x)^{(n)} = \cos\left(x + \dfrac{\pi}{2}n\right)$

② $y = \dfrac{1}{1-x} = (1-x)^{-1}$

$y' = -(1-x)^{-2}\cdot(-1) = (1-x)^{-2},\ \quad y'' = \boxed{\qquad\qquad カ}$

$y''' = \boxed{\qquad\qquad キ},\qquad y^{(4)} = \boxed{\qquad\qquad ク}$

より，$\left(\dfrac{1}{1-x}\right)^{(n)} = n!\,(1-x)^{\boxed{\ ケ\ }}$

4.2　ロピタルの定理

この節では「微分」を用いて関数の極限値を求めてみましょう。

たとえば，極限値 $\displaystyle\lim_{x\to1}\frac{5x^2+2x-7}{2x^2+x-3}$ を求めてみましょう。分母・分子を因数分解し

$$\lim_{x\to1}\frac{5x^2+2x-7}{2x^2+x-3}=\lim_{x\to1}\frac{(5x+7)(x-1)}{(2x+3)(x-1)}=\lim_{x\to1}\frac{5x+7}{2x+3}=\frac{12}{5}$$

となりますね。もし $x-1$ で約分しないと，$x\to1$ のとき $\dfrac{0}{0}$ の形になってしまいます。

次に，極限値

$$\lim_{x\to0}\frac{e^x-e^{-x}}{\sin x}$$

を考えましょう。これは因数分解することができません。また，$x\to0$ のとき $\dfrac{0}{0}$ の形に

なってしまいます。このように，$\displaystyle\lim_{x\to a}\frac{f(x)}{g(x)}$ が形式的に $\dfrac{0}{0}$ となる場合があり，これを

$\dfrac{0}{0}$ の形の不定形といいます。この不定形の極限値を求めるときに威力を発揮するのが

ロピタルの定理です。

定理 4.2　ロピタルの定理

関数 $f(x),\ g(x)$ が $f(a)=g(a)=0$ を満たし，$x=a$ の近くで微分可能で $g'(x)\neq0\ (x\neq a)$ であるとする。このとき

$\displaystyle\lim_{x\to a}\frac{f'(x)}{g'(x)}$ が存在すれば $\displaystyle\lim_{x\to a}\frac{f(x)}{g(x)}=\lim_{x\to a}\frac{f'(x)}{g'(x)}$

である。

定理の証明は後まわしにして，このロピタルの定理を用いて前述の2つの極限値

$\displaystyle\lim_{x\to1}\frac{5x^2+2x-7}{2x^2+x-3},\ \ \lim_{x\to0}\frac{e^x-e^{-x}}{\sin x}$ を求めてみましょう。

まず，$\dfrac{5x^2+2x-7}{2x^2+x-3}$ で $f(x)=5x^2+2x-7,\ g(x)=2x^2+x-3$ とおくと $f(1)=g(1)=0$

であり，定理の条件を満たします。したがって，ロピタルの定理より

$$\lim_{x \to 1} \frac{5x^2 + 2x - 7}{2x^2 + x - 3} = \lim_{x \to 1} \frac{\left(5x^2 + 2x - 7\right)'}{\left(2x^2 + x - 3\right)'} = \lim_{x \to 1} \frac{10x + 2}{4x + 1} = \frac{12}{5}$$

を得ます。

　また，$\dfrac{e^x - e^{-x}}{\sin x}$ は $f(x) = e^x - e^{-x}$，$g(x) = \sin x$ とおくと $f(0) = g(0) = 0$ で定理の条件
を満たします。よって

$$\lim_{x \to 0} \frac{e^x - e^{-x}}{\sin x} = \lim_{x \to 0} \frac{\left(e^x - e^{-x}\right)'}{\left(\sin x\right)'} = \lim_{x \to 0} \frac{e^x + e^{-x}}{\cos x} = \frac{e^0 + e^0}{\cos 0} = 2$$

を得ます。

　定理の条件 $f(a) = g(a) = 0$ を確かめることを忘れないようにしましょう。たとえば

$$\lim_{x \to 0} \frac{x + 3}{x - 1} = \lim_{x \to 0} \frac{(x + 3)'}{(x - 1)'} = \lim_{x \to 0} \frac{1}{1} = 1$$

などとするのは誤りです。この極限値は正しくは $\lim\limits_{x \to 0} \dfrac{x + 3}{x - 1} = -3$ です。

例 題 4

次の極限値を求めよ

① $\lim\limits_{x \to 1} \dfrac{x^6 + x - 2}{x^4 + x^2 - 2}$　　② $\lim\limits_{x \to 0} \dfrac{e^x - 1}{x}$　　③ $\lim\limits_{x \to 1} \dfrac{\sin \pi x}{x - 1}$

解き方

① $f(x) = x^6 + x - 2$，$g(x) = x^4 + x^2 - 2$ とおくと $f(1) = g(1) = 0$ で

$$\lim_{x \to 1} \frac{x^6 + x - 2}{x^4 + x^2 - 2} = \lim_{x \to 1} \frac{\left(x^6 + x - 2\right)'}{\left(x^4 + x^2 - 2\right)'} = \lim_{x \to 1} \frac{\boxed{}}{\boxed{}} = \boxed{}$$

② $f(x) = e^x - 1$，$g(x) = x$ とおくと $f(0) = g(0) = 0$ で

$$\lim_{x \to 0} \frac{e^x - 1}{x} = \lim_{x \to 0} \frac{\left(e^x - 1\right)'}{(x)'} = \lim_{x \to 0} \boxed{} = \boxed{}$$

③ $f(x) = \sin \pi x$，$g(x) = x - 1$ とおくと $f(1) = g(1) = 0$ で

$$\lim_{x \to 1} \frac{\sin \pi x}{x-1} = \lim_{x \to 1} \frac{(\sin \pi x)'}{(x-1)'} = \lim_{x \to 1} \boxed{}_{\text{カ}} = \boxed{}_{\text{キ}}$$

■

練習問題 ❶

次の極限値を求めよ。

① $\displaystyle \lim_{x \to 0} \frac{e^x - \cos x}{x}$

② $\displaystyle \lim_{x \to 0} \frac{x - \log(1+x)}{x^2}$

③ $\displaystyle \lim_{x \to 0} \frac{3^x - 2^x}{x}$

④ $\displaystyle \lim_{x \to \frac{\pi}{2}} \left(\tan x - \frac{1}{\cos x} \right)$

ロピタルの定理は「$\displaystyle \lim_{x \to a} \frac{f'(x)}{g'(x)}$ が存在する」という条件が満たされていさえすれば,

$\displaystyle \lim_{x \to a} \frac{f(x)}{g(x)} = \lim_{x \to a} \frac{f'(x)}{g'(x)}$ を繰り返し用いて極限値を求めることができるのです。

$$f(a) = f'(a) = \cdots = f^{(k-1)}(a) = 0, \quad f^{(k)}(a) \neq 0$$
$$g(a) = g'(a) = \cdots = g^{(k-1)}(a) = 0, \quad g^{(k)}(a) \neq 0$$

ならば

$$\lim_{x \to a} \frac{f(x)}{g(x)} = \frac{f^{(k)}(a)}{g^{(k)}(a)}$$

となるのです。たとえば

$$\lim_{x \to 0} \frac{x^2 - \sin^2 x}{x^4} = \lim_{x \to 0} \frac{2x - \sin 2x}{4x^3} = \lim_{x \to 0} \frac{2 - 2\cos 2x}{12x^2}$$

$$= \lim_{x \to 0} \frac{4 \sin 2x}{24x} = \lim_{x \to 0} = \frac{8 \cos 2x}{24} = \frac{1}{3} \lim_{x \to 0} \cos 2x = \frac{1}{3}$$

などと計算できます。ただし，$\displaystyle \lim_{x \to 0} \frac{\sin x}{x} = 1$ を用いて

$$\lim_{x\to 0}\frac{4\sin 2x}{24x}=\lim_{x\to 0}\frac{4\sin 2x}{12\cdot 2x}=\frac{1}{3}\lim_{x\to 0}\frac{\sin 2x}{2x}=\frac{1}{3}$$

とすることもできます。また，最初の1階微分の分子は2倍角の公式を用いて

$$\left(x^2-\sin^2 x\right)'=2x-2\sin x\cos x=2x-\sin 2x$$

と変形しています。

例題 5

次の極限値を求めよ。

①　$\displaystyle\lim_{x\to 0}\left(\frac{1}{x}-\frac{1}{\sin x}\right)$　　　②　$\displaystyle\lim_{x\to 0}\frac{x-\sin x}{x^3}$

解き方

①　$\displaystyle\lim_{x\to 0}\left(\frac{1}{x}-\frac{1}{\sin x}\right)=\lim_{x\to 0}\frac{\sin x-x}{x\sin x}=\lim_{x\to 0}\frac{\left(\sin x-x\right)'}{\left(x\sin x\right)'}$

$$=\lim_{x\to 0}\frac{\cos x-1}{\boxed{}}=\lim_{x\to 0}\frac{\left(\cos x-1\right)'}{\left(\boxed{}\right)'}$$

$$=\lim_{x\to 0}\frac{\boxed{}}{\boxed{}}=\boxed{}$$

②　$\displaystyle\lim_{x\to 0}\frac{x-\sin x}{x^3}=\lim_{x\to 0}\frac{\left(x-\sin x\right)'}{\left(x^3\right)'}=\lim_{x\to 0}\frac{\boxed{}}{3x^2}$

$$=\lim_{x\to 0}\frac{\left(\boxed{}\right)'}{\left(3x^2\right)'}=\lim_{x\to 0}\frac{\boxed{}}{6x}=\frac{1}{6}\lim_{x\to 0}\boxed{}=\boxed{}$$

では，ロピタルの定理を証明しましょう。ただし，いくつかの準備が必要です。先を急がれる読者はとりあえず読み飛ばして，次の節に進んでもかまいません。

まず，次の定理を証明なしにあげておきます。

定理 4.3   最大値・最小値の定理

関数 $y = f(x)$ が閉区間 $[a, b]$ で連続ならば $f(x)$ は $[a, b]$ で最大値および最小値をとる。

ここで,「閉区間」や「連続」という条件は大切です。たとえば,$y = x^2$ は開区間 $(1, 2)$ で連続ですが,最大値も最小値も存在しません。

この 定理4.3 を用いて,次のロルの定理を証明できます。

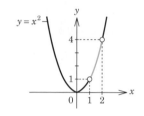

定理 4.4   ロルの定理

関数 $f(x)$ は区間 $[a, b]$ で連続,区間 (a, b) で微分可能とする。
$f(a) = f(b)$ ならば $f'(c) = 0$ となる点 c が a と b の間に少なくとも 1 つ存在する。

この定理の幾何学的な意味は右図のように,水平な線が引ける点 c が,a と b の間にとれるということです。

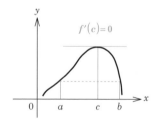

証明

$f(x)$ が定数関数ならば定理は明らかなので,$f(x)$ は定数関数ではないとしましょう。最大値・最小値の定理より,$f(x)$ は $[a, b]$ で最大値と最小値をとります。
$f(a) = f(b)$ ですから,a,b 以外の点 c で最大値,または最小値をとります。

今,点 c で最大値をとったとすると,$h > 0$ に対して

$$\frac{f(c+h) - f(c)}{h} \leq 0, \quad \frac{f(c-h) - f(c)}{-h} \geq 0$$

であり,$h \to 0$ とすると,左の不等式からは $f'(c) \leq 0$,右の不等式からは $f'(c) \geq 0$ を得るので $f'(c) = 0$。最小値の場合も同様に $f'(c) = 0$ を得ます。

　このロルの定理を用いて，平均値の定理が証明できます。

定理 4.5　平均値の定理

　関数$f(x)$は区間$[a, b]$で連続，区間(a, b)で微分可能とする。
このとき
$$\frac{f(b)-f(a)}{b-a}=f'(c)$$
となる点cが，aとbの間に少なくとも1つ存在する。

　この定理の幾何学的な意味は，関数$f(x)$のaか
らbまでの平均変化率と等しくなるような微分係数
$f'(c)$をとる点cが，aとbの間に少なくとも1つある
ということです。

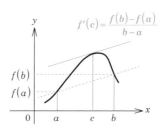

証明

　関数$y=f(x)$の点$(a, f(a))$，$(b, f(b))$を通る直
線に平行な直線
$$y=\frac{f(b)-f(a)}{b-a}x$$
を考えます。関数$F(x)$を
$$F(x)=f(x)-\frac{f(b)-f(a)}{b-a}x$$
とすると
$$F(a)=F(b)=\frac{bf(a)-af(b)}{b-a}$$
となって，ロルの定理の仮定を満たすので，$a<c<b$となる点cが存在して
$$F'(c)=f'(c)-\frac{f(b)-f(a)}{b-a}=0$$
すなわち
$$f'(c)=\frac{f(b)-f(a)}{b-a}$$

となります。

　また，ロルの定理を用いて，Cauchy の平均値の定理が証明されます。

定理 4.6　Cauchy の平均値の定理

　関数 $f(x), g(x)$ はともに区間 $[a, b]$ で連続，区間 (a, b) で微分可能で $g'(x) \neq 0$，$g(a) \neq g(b)$ とする。このとき

$$\frac{f(b)-f(a)}{g(b)-g(a)} = \frac{f'(c)}{g'(c)}$$

となる点 c が，a と b の間に少なくとも 1 つ存在する。

証明

　$\alpha = f(b) - f(a)$，$\beta = g(b) - g(a)$ として

$$F(x) = \beta f(x) - \alpha g(x)$$

とおくと

$$F(a) = F(b) = g(b)f(a) - f(b)g(a)$$

より $F(a) = F(b)$ であるから，ロルの定理の仮定を満たします。よって，$F'(c) = 0$ となる点 c が a と b との間に少なくとも 1 つ存在します。すなわち

$$F'(c) = \beta f'(c) - \alpha g'(c) = 0$$

より

$$\frac{f'(c)}{g'(c)} = \frac{\alpha}{\beta} = \frac{f(b)-f(a)}{g(b)-g(a)}$$

となります。

　これでロピタルの定理を証明する準備が整いました。再度定理を書いてから証明しましょう。

定理 4.2（再）　ロピタルの定理

関数 $f(x)$, $g(x)$ が $f(a)=g(a)=0$ を満たし，$x=a$ の近くで微分可能で $g'(x) \neq 0 \, (x \neq a)$ であるとする。このとき
$$\lim_{x \to a} \frac{f'(x)}{g'(x)} \text{ が存在すれば } \lim_{x \to a} \frac{f(x)}{g(x)} = \lim_{x \to a} \frac{f'(x)}{g'(x)}$$
である。

証明

$f(a)=g(a)=0$ より，a の十分近くに x をとるとき，a と x の間のある点 c で，Cauchy の平均値の定理から
$$\frac{f(x)}{g(x)} = \frac{f(x)-f(a)}{g(x)-g(a)} = \frac{f'(c)}{g'(c)} \quad (a < c < x)$$
が成り立ちます。$x \to a$ のとき $c \to a$ となりますから
$$\lim_{x \to a} \frac{f(x)}{g(x)} = \lim_{c \to a} \frac{f'(c)}{g'(c)} = \lim_{x \to a} \frac{f'(x)}{g'(x)}$$
を得ます。これで証明できました。

なお，ロピタルの定理は $x \to a$ としたとき $\dfrac{0}{0}$ の形の不定形になる場合以外にも，$\pm\dfrac{\infty}{\infty}$ の形の不定形になる場合にも用いることができます。

また，$x \to \pm\infty$ としたとき，$\dfrac{0}{0}$，$\pm\dfrac{\infty}{\infty}$ の形の不定形になるときにも用いることができます。いくつか例を見てみましょう。

例1 $x \to \infty$ のとき $\dfrac{\infty}{\infty}$ の形の不定形
$$\lim_{x \to \infty} \frac{x^2}{e^x} = \lim_{x \to \infty} \frac{(x^2)'}{(e^x)'} = \lim_{x \to \infty} \frac{2x}{e^x} = \lim_{x \to \infty} \frac{(2x)'}{(e^x)'} = \lim_{x \to \infty} \frac{2}{e^x} = 0$$

例2 $x \to \infty$ のとき $\dfrac{\infty}{\infty}$ の形の不定形
$$\lim_{x \to \infty} \frac{\log x}{x} = \lim_{x \to \infty} \frac{(\log x)'}{(x)'} = \lim_{x \to \infty} \frac{1}{x} = 0$$

例3　$x \to -\infty$ のとき $-\dfrac{\infty}{\infty}$ の形の不定形

$$\lim_{x \to -\infty} xe^x = \lim_{x \to -\infty} \frac{x}{e^{-x}} = \lim_{x \to -\infty} \frac{(x)'}{(e^{-x})'} = \lim_{x \to -\infty} \frac{1}{-e^{-x}} = 0$$

さらに，ロピタルの定理は，片側極限値 $x \to a+0$，$x \to a-0$ の場合も用いることができます。たとえば

$$\lim_{x \to +0} x \log x = \lim_{x \to +0} \frac{\log x}{\dfrac{1}{x}} = \lim_{x \to +0} \frac{(\log x)'}{\left(\dfrac{1}{x}\right)'}$$

> $x \to +0$ のとき
> $\log x \to -\infty$，$\dfrac{1}{x} \to +\infty$

$$= \lim_{x \to +0} \frac{\dfrac{1}{x}}{-\dfrac{1}{x^2}} = \lim_{x \to +0}(-x) = 0$$

などと計算できます。

4.3 テイラー展開・マクローリン展開

本節では三角関数や指数関数，対数関数を，無限級数を用いて表すことを考えます。まず，次式を見てください。

$$\sin x = x - \frac{1}{3!}x^3 + \frac{1}{5!}x^5 - \frac{1}{7!}x^7 + \frac{1}{9!}x^9 - \cdots \qquad \cdots (4.1)$$

左辺は「$\sin x$」（三角関数）であり，右辺は無限に続く多項式（無限級数）ですね。左辺と右辺は全く異なる式に見えます。ところが，グラフを描いてみると，2つの式がこのように等号で結ばれていることが納得できるようになります。

今，右辺は5項目までしか書かれていないのですが，6項目や7項目がどんな項か推測できるでしょう。

右辺を $g(x)$ とおきます。

$$g(x) = x - \frac{1}{3!}x^3 + \frac{1}{5!}x^5 - \frac{1}{7!}x^7 + \frac{1}{9!}x^9 - \cdots$$

この $g(x)$ を1項目で止めた式を $g_1(x)$，2項目で止めた式を $g_2(x)$，$\cdots$，n 項目で止めた式を $g_n(x)$ とします。n がいろいろな値をとるときの $g_n(x)$ のグラフをいくつか見てみましょう。なお，$y = \sin x$ のグラフを緑色で描いてあります。

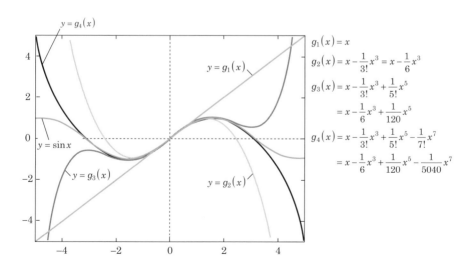

$$g_1(x) = x$$
$$g_2(x) = x - \frac{1}{3!}x^3 = x - \frac{1}{6}x^3$$
$$g_3(x) = x - \frac{1}{3!}x^3 + \frac{1}{5!}x^5$$
$$= x - \frac{1}{6}x^3 + \frac{1}{120}x^5$$
$$g_4(x) = x - \frac{1}{3!}x^3 + \frac{1}{5!}x^5 - \frac{1}{7!}x^7$$
$$= x - \frac{1}{6}x^3 + \frac{1}{120}x^5 - \frac{1}{5040}x^7$$

$g_1(x) \sim g_4(x)$ を見ると，nが大きくなるほど$y = \sin x$のグラフに似てくることに気づくでしょう。このような状態を，$y = \sin x$は多項式$g_n(x)$で近似されるということにします。nが大きくなるほど近似の精度が高くなるといえます。

また，$y = g_n(x)$のグラフは，$x = 0$すなわち原点の近くでは$y = \sin x$によく似ていますね。このとき，「$y = \sin x$を$x = 0$のまわりで多項式$g_n(x)$で近似する」といいます。$\sin x$と$g_n(x)$のグラフは，原点から遠ざかるほど，ズレが大きくなっていくこともわかるでしょう。

ところで，多項式$g_n(x)$は，無限級数$g(x)$を有限項で止めた式でしたが，そもそも$g(x)$は一体どのようにして得られたのでしょうか？　$y = g_n(x)$のnを大きくするほど，グラフが$\sin x$に近づいていくという事実は，$g(x)$と$\sin x$の式に対してどのように反映されるのでしょうか？　これを調べるために，式 (4.1) の左辺$\sin x$を$f(x)$とおき，$f(x)$，$g(x)$の1階微分，2階微分，…を求め，$x = 0$での値をそれぞれ比較してみましょう。

$$f(x) = \sin x \qquad\qquad\qquad\qquad f(0) = 0$$
$$f'(x) = \cos x \qquad\qquad\qquad\qquad f'(0) = 1$$
$$f''(x) = -\sin x \qquad\qquad\qquad\quad f''(0) = 0$$
$$f'''(x) = -\cos x \qquad\qquad\qquad\quad f'''(0) = -1$$
$$f^{(4)}(x) = \sin x \qquad\qquad\qquad\quad f^{(4)}(0) = 0$$

同様に

$$g(x) = x - \frac{1}{3!}x^3 + \frac{1}{5!}x^5 - \frac{1}{7!}x^7 + \frac{1}{9!}x^9 - \cdots \qquad g(0) = 0$$

$$g'(x) = 1 - \frac{1}{2!}x^2 + \frac{1}{4!}x^4 - \frac{1}{6!}x^6 + \frac{1}{8!}x^8 - \cdots \qquad g'(0) = 1$$

$$g''(x) = -x + \frac{1}{3!}x^3 - \frac{1}{5!}x^5 + \frac{1}{7!}x^7 - \cdots \qquad g''(0) = 0$$

$$g'''(x) = -1 + \frac{1}{2!}x^2 - \frac{1}{4!}x^4 + \frac{1}{6!}x^6 - \cdots \qquad g'''(0) = -1$$

$$g^{(4)}(x) = x - \frac{1}{3!}x^3 + \frac{1}{5!}x^5 - \cdots \qquad g^{(4)}(0) = 0$$

この後は，$f(x)$，$f'(x)$，$\cdots g(x)$，$g'(x)$，$\cdots$と同じ計算が繰り返されます。したがって
$$f^{(n)}(0) = g^{(n)}(0) \quad (n = 0, 1, 2, \cdots) \qquad\qquad \cdots (4.2)$$
であることがわかるでしょう。

119ページの図の$g_1(x) \sim g_4(x)$で見たように，$f(x) = \sin x$と$y = g_n(x)$のそれぞれの

グラフは，n を大きくとるほど近似の精度が高くなりましたが，これは2つの関数がよく似た性質をもっていて，それが n 階微分における $x=0$ での値が等しいという計算結果に反映されていると考えられます。

この考え方を一般化してみましょう。

$$g_n(x) = q_0 + q_1 x + q_2 x^2 + q_3 x^3 + \cdots + q_n x^n$$

とおきます。2つの関数 $f(x)$ と $g_n(x)$ の n 階微分における $x=0$ での値 $f^{(n)}(0)$ と $g_n^{(n)}(0)$ が一致することに着目して，$f(x) = \sin x$ を $x=0$ のまわりで多項式 $g_n(x)$ で近似するには，$g'_n(x)$，$g''_n(x)$，$\cdots$ を計算し，$x=0$ のときの値を求めます。

$$g_n(0) = q_0$$
$$g'_n(x) = q_1 + 2q_2 x + 3q_3 x^2 + \cdots + nq_n x^{n-1}, \quad g'_n(0) = q_1$$
$$g''_n(x) = 2q_2 + 3 \cdot 2q_3 x + 4 \cdot 3q_4 x^2 + \cdots + n(n-1)q_n x^{n-2}, \quad g''_n(0) = 2q_2 = 2!q_2$$
$$g'''_n(x) = 3 \cdot 2q_3 + 4 \cdot 3 \cdot 2q_4 x + \cdots + n(n-1)(n-2)q_n x^{n-3}, \quad g'''_n(0) = 3 \cdot 2q_3 = 3!q_3$$
$$g^{(4)}_n(x) = 4 \cdot 3 \cdot 2 \cdot q_4 + \cdots + n(n-1)(n-2)(n-3)q_n x^{n-4}, \quad g^{(4)}_n(0) = 4!q_4$$

であり，$f^{(n)}(0) = g_n^{(n)}(0) \quad (n = 0, 1, 2 \cdots)$ から

$$q_0 = f(0), \quad q_1 = f'(0), \quad 2!q_2 = f''(0), \quad 3!q_3 = f'''(0), \quad 4!q_4 = f^{(4)}(0), \quad \cdots$$

となるので

$$g_n(x) = f(0) + f'(0)x + \frac{1}{2!}f''(0)x^2 + \frac{1}{3!}f'''(0)x^3 + \frac{1}{4!}f^{(4)}(0)x^4 \cdots + \frac{1}{n!}f^{(n)}(0)x^n$$

と書けることがわかります。

$f(x) = \sin x$ の場合は

$$f(0) = 0, \quad f'(0) = 1, \quad f''(0) = 0, \quad f'''(0) = -1, \quad f^{(4)}(0) = 0$$

を右辺に代入すれば，$n=2$ のときの多項式

$$g_2(x) = x - \frac{1}{3!}x^3 = x - \frac{1}{6}x^3$$

を得ることができます。さらに $f^{(5)}(0) = 1$，$f^{(6)}(0) = 0$ より，$n=3$ のときの多項式

$$g_3(x) = x - \frac{1}{3!}x^3 + \frac{1}{5!}x^5 = x - \frac{1}{6}x^3 + \frac{1}{120}x^5$$

を得ます。

では，$\sin x$ をほかの x の値，たとえば，$x = \frac{\pi}{2}$ のまわりで多項式で近似したいときは，どのようにすればよいのでしょうか？　結論を述べると，求める多項式 $h(x)$ を

$$h(x) = q_0 + q_1\left(x - \frac{\pi}{2}\right) + q_2\left(x - \frac{\pi}{2}\right)^2 + q_3\left(x - \frac{\pi}{2}\right)^3 + \cdots + q_n\left(x - \frac{\pi}{2}\right)^n$$

とおき，一方，$\sin x$ は $f(x)$ とおいて $h^{(n)}\left(\dfrac{\pi}{2}\right) = f^{(n)}\left(\dfrac{\pi}{2}\right)$ となるように，q_0, q_1, $\cdots$, q_n を定めればよいのです。実際にやってみると

$$h'(x) = q_1 + 2q_2\left(x - \frac{\pi}{2}\right) + 3q_3\left(x - \frac{\pi}{2}\right)^2 + \cdots + nq_n\left(x - \frac{\pi}{2}\right)^{n-1}$$

$$h''(x) = 2q_2 + 3\cdot2q_3\left(x - \frac{\pi}{2}\right) + 4\cdot3q_4\left(x - \frac{\pi}{2}\right)^2 + \cdots + n(n-1)q_n\left(x - \frac{\pi}{2}\right)^{n-2}$$

$$h'''(x) = 3\cdot2q_3 + 4\cdot3\cdot2q_4\left(x - \frac{\pi}{2}\right) + \cdots + n(n-1)(n-2)q_n\left(x - \frac{\pi}{2}\right)^{n-3}$$

$$\vdots$$

より

$$f\left(\frac{\pi}{2}\right) = h\left(\frac{\pi}{2}\right) \text{から} \qquad 1 = q_0$$

$$f'\left(\frac{\pi}{2}\right) = h'\left(\frac{\pi}{2}\right) \text{から} \qquad 0 = q_1$$

$$f''\left(\frac{\pi}{2}\right) = h''\left(\frac{\pi}{2}\right) \text{から} \quad -1 = 2q_2 \qquad \therefore \ q_2 = -\frac{1}{2}$$

$$f'''\left(\frac{\pi}{2}\right) = h'''\left(\frac{\pi}{2}\right) \text{から} \quad 0 = 6q_3 \qquad \therefore \ q_3 = 0$$

　もし，$h(x)$ を 4 項目でとめると

$$h(x) = 1 - \frac{1}{2}\left(x - \frac{\pi}{2}\right)^2 = -\frac{1}{2}\left(x - \frac{\pi}{2}\right)^2 + 1$$

となり，これは $\sin x$ のグラフが $x = \dfrac{\pi}{2}$ の近くで，頂点の座標が $\left(\dfrac{\pi}{2},\ 1\right)$ で上に凸な放物線 $y = -\dfrac{1}{2}\left(x - \dfrac{\pi}{2}\right)^2 + 1$ で近似されることを意味しているのです（124ページの図を参照）。もちろん近似の精度をあげるためには q_4, q_5, $\cdots$ と多くの項の係数を求め，高い次数の多項式を得られるようにすればよいのです。

　では，この方法をまねて，$\sin x$ を $x = -\dfrac{\pi}{2}$ のまわりで，3次以下の多項式で近似してみましょう。

例 題 6

$$f(x) = \sin x$$

$$h(x) = q_0 + q_1\left(x + \frac{\pi}{2}\right) + q_2\left(x + \frac{\pi}{2}\right)^2 + q_3\left(x + \frac{\pi}{2}\right)^3$$

とおくとき，$f^{(n)}\left(-\dfrac{\pi}{2}\right) = h^{(n)}\left(-\dfrac{\pi}{2}\right)$ $(n = 0,\ 1,\ 2,\ 3)$

となるように $q_0,\ q_1,\ q_2,\ q_3$ を定め，$f(x)$ を3次以下の多項式 $h(x)$ で近似せよ。

解き方

$$f\left(-\frac{\pi}{2}\right) = \sin\left(-\frac{\pi}{2}\right) = -1 \quad \text{より} \quad h\left(-\frac{\pi}{2}\right) = q_0 = -1$$

$$f'(x) = \cos x, \quad f'\left(-\frac{\pi}{2}\right) = \boxed{} \quad \text{より}$$

$$h'(x) = q_1 + 2q_2\left(x + \frac{\pi}{2}\right) + 3q_3\left(x + \frac{\pi}{2}\right)^2, \quad h'\left(-\frac{\pi}{2}\right) = q_1 = \boxed{}$$

$$f''(x) = -\sin x, \quad f''\left(-\frac{\pi}{2}\right) = \boxed{} \quad \text{より}$$

$$h''(x) = 2q_2 + 6q_3\left(x + \frac{\pi}{2}\right), \quad h''\left(-\frac{\pi}{2}\right) = 2q_2 = \boxed{} \quad \therefore \ q_2 = \boxed{}$$

$$f'''(x) = -\cos x, \quad f'''\left(-\frac{\pi}{2}\right) = \boxed{} \quad \text{より}$$

$$h'''(x) = 6q_3, \quad h'''\left(-\frac{\pi}{2}\right) = 6q_3 = \boxed{} \quad \therefore \ q_3 = \boxed{}$$

$$\therefore \ h(x) = \boxed{\phantom{\hspace{8cm}ケ}}$$

　これまでに，$y = \sin x$ を $x = 0$，$x = 0$，$\dfrac{\pi}{2}$，$-\dfrac{\pi}{2}$ のまわりで多項式近似しました。グラフを見て，$y = \sin x$ のそれぞれの点の近くで，各多項式が表す関数で近似されている様子を感じ取ってください。

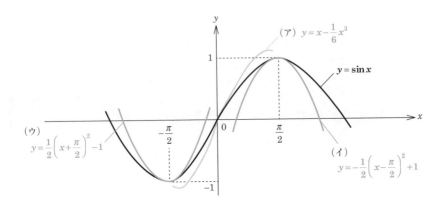

　上図の3種のグラフ

（ア）　$y = x - \dfrac{1}{6}x^3$　　　　（イ）　$y = -\dfrac{1}{2}\left(x - \dfrac{\pi}{2}\right)^2 + 1$　　　　（ウ）　$y = \dfrac{1}{2}\left(x + \dfrac{\pi}{2}\right)^2 + 1$

と，$y = \sin x$ のグラフの接し方を見てみましょう。

　（ア）は2つの曲線は互いに横切って（交差して）接し，（イ）（ウ）は横切らずに接する
のです。これについて興味深い定理があるので紹介しましょう。

　【曲線の接触】

　　2つの曲線 $y = f(x)$，$y = g(x)$ がともに点 (a, b) を通り

$$f^{(k)}(a) = g^{(k)}(a) \qquad (k = 0, 1, 2, \cdots, n)$$
$$f^{(n+1)}(a) \neq g^{(n+1)}(a)$$

　のとき，両曲線は $x = a$ で n 位の接触をするという。

　　n が偶数のとき，両曲線は互いに横切って接し

　　n が奇数のとき，両曲線は横切らずに接する。

実際, $f(x)=\sin x$ と $g(x)=x-\dfrac{1}{6}x^3$ は

$$f^{(n)}(0)=g^{(n)}(0) \quad (n=0,1,2), \quad f^{(3)}(0) \neq g^{(3)}(0)$$

となり2位の接触をするので, 両曲線は互いに横切って接します。

また, $f(x)=\sin x$ と $h(x)=-\dfrac{1}{2}\left(x-\dfrac{\pi}{2}\right)^2+1$ は

$$f^{(n)}\left(\frac{\pi}{2}\right)=h^{(n)}\left(\frac{\pi}{2}\right) \quad (n=0,1,2,3), \quad f^{(4)}\left(\frac{\pi}{2}\right) \neq g^{(4)}\left(\frac{\pi}{2}\right)$$

となり3位の接触をするので, 両曲線は横切らずに接します。もう一度124ページのグラフを見て, 確かめてください。

これまで述べてきたように, 与えられた関数 $f(x)$ を, 多項式 $P(x)=p_0+p_1(x-a)$ $+\cdots+p_n(x-a)^n$ または無限級数 $P(x)=p_0+p_1(x-a)+\cdots p_n(x-a)^n+\cdots$ で高階微分まで一致するように近似する方法をテイラー展開というのです。これは具体的には, $f^{(n)}(a)=P^{(n)}(a)$ という関係を用いて, $p_0, p_1, \cdots, p_n, \cdots$ を求めることであり, その結果得られた関数 $P(x)$ は, $f(x)$ を点 $x=a$ の近くでよく近似しているのです。

では, 関数 $f(x)$ を多項式

$$P(x)=p_0+p_1(x-a)+p_2(x-a)^2+p_3(x-a)^3+\cdots+p_n(x-a)^n$$

で, $x=a$ のまわりで近似する方法を述べましょう。

$$f(a)=P(a) \quad より \quad f(a)=p_0 \qquad \therefore \quad p_0=f(a)$$

$$f'(a)=P'(a) \quad より \quad f'(a)=p_1 \qquad \therefore \quad p_1=f'(a)$$

$$f''(a)=P''(a) \quad より \quad f''(a)=2p_2 \qquad \therefore \quad p_2=\frac{1}{2}f''(a)=\frac{1}{2!}f''(a)$$

$$f'''(a)=P'''(a) \quad より \quad f'''(a)=3\cdot 2p_3 \qquad \therefore \quad p_3=\frac{1}{3!}f'''(a)$$

$$\vdots$$

$$f^{(n)}(a)=P^{(n)}(a) \quad より \quad f^{(n)}(a)=n!p_n \qquad \therefore \quad p_n=\frac{1}{n!}f^{(n)}(a)$$

よって, 求める $P(x)$ は次のようになります。

$$P(x)=f(a)+f'(a)(x-a)+\frac{f''(a)}{2!}(x-a)^2+\frac{f'''(a)}{3!}(x-a)^3+\cdots+\frac{f^{(n)}(a)}{n!}(x-a)^n$$

ここで, $a=0$ とした場合が, $x=0$ のまわりでの多項式近似です。

$f(x)=\sin x$ をこの式を用いて (1) $x=0$ のまわりで, (2) $x=\dfrac{\pi}{2}$ のまわりで, (3) $x=-\dfrac{\pi}{2}$ のまわりで多項式近似したときの途中計算と結果を, 再度書いてみます。

（1）　$x=0$ のまわりで多項式近似

$f(0)=0,\ f'(0)=1,\ f''(0)=0,\ f'''(0)=-1$

$P(x)=f(0)+f'(0)x+\dfrac{f''(0)}{2!}x^2+\dfrac{f'''(0)}{3!}x^3=x-\dfrac{1}{6}x^3$

（2）　$x=\dfrac{\pi}{2}$ のまわりで多項式近似

$f\left(\dfrac{\pi}{2}\right)=1,\ f'\left(\dfrac{\pi}{2}\right)=0,\ f''\left(\dfrac{\pi}{2}\right)=-1,\ f'''\left(\dfrac{\pi}{2}\right)=0$

$P(x)=f\left(\dfrac{\pi}{2}\right)+f'\left(\dfrac{\pi}{2}\right)\left(x-\dfrac{\pi}{2}\right)+\dfrac{1}{2!}f''\left(\dfrac{\pi}{2}\right)\left(x-\dfrac{\pi}{2}\right)^2+\dfrac{1}{3!}f'''\left(\dfrac{\pi}{2}\right)\left(x-\dfrac{\pi}{2}\right)^3$

$=1-\dfrac{1}{2}\left(x-\dfrac{\pi}{2}\right)^2$

（3）　$x=-\dfrac{\pi}{2}$ のまわりで多項式近似

$f\left(-\dfrac{\pi}{2}\right)=-1,\ f'\left(-\dfrac{\pi}{2}\right)=0,\ f''\left(-\dfrac{\pi}{2}\right)=1,\ f'''\left(-\dfrac{\pi}{2}\right)=0$

$P(x)=f\left(-\dfrac{\pi}{2}\right)+f'\left(-\dfrac{\pi}{2}\right)\left(x+\dfrac{\pi}{2}\right)+\dfrac{1}{2!}f''\left(-\dfrac{\pi}{2}\right)\left(x+\dfrac{\pi}{2}\right)^2+\dfrac{1}{3!}f'''\left(-\dfrac{\pi}{2}\right)\left(x+\dfrac{\pi}{2}\right)^3$

$=-1+\dfrac{1}{2}\left(x+\dfrac{\pi}{2}\right)^2$

となります。もう一度124ページを見て，(1)の3次関数と，(2),(3)の2次関数のグラフになることを確認しておいてください。

　では，同じ方法で，$f(x)=\cos x$ を多項式で近似してみましょう。なお，$f(x)$ を $x=a$ のまわりで多項式近似することを，**$x=a$ のまわりで展開する**ともいいます。

例題 7

$P(x)=f(a)+f'(a)(x-a)+\dfrac{1}{2!}f''(a)(x-a)^2+\dfrac{1}{3!}f'''(a)(x-a)^3$ とおく。

$f(x)=\cos x$ を次の点のまわりで展開せよ。

①　$x=0$　　　②　$x=\dfrac{\pi}{2}$

解き方 $f(x) = \cos x$, $f'(x) = -\sin x$, $f''(x) = -\cos x$, $f'''(x) = \sin x$　より

① $f(0) = 1$, $f'(0) = \boxed{}^{ア}$, $f''(0) = \boxed{}^{イ}$, $f'''(0) = 0$　より

$$P(x) = f(0) + f'(0)x + \frac{1}{2!}f''(0)x^2 + \frac{1}{3!}f'''(0)x^3$$

$$= \boxed{}_{ウ}$$

② $f\left(\dfrac{\pi}{2}\right) = 0$, $f'\left(\dfrac{\pi}{2}\right) = \boxed{}^{エ}$, $f''\left(\dfrac{\pi}{2}\right) = \boxed{}^{オ}$, $f'''\left(\dfrac{\pi}{2}\right) = 1$　より

$$P(x) = f\left(\frac{\pi}{2}\right) + f'\left(\frac{\pi}{2}\right)\left(x - \frac{\pi}{2}\right) + \frac{1}{2!}f''\left(\frac{\pi}{2}\right)\left(x - \frac{\pi}{2}\right)^2 + \frac{1}{3!}f'''\left(\frac{\pi}{2}\right)\left(x - \frac{\pi}{2}\right)^3$$

$$= \boxed{}_{カ}$$

　例題 7 の多項式近似は，いずれも $P(x)$ を有限項（4項目）で止めているため，$\cos x$ と一致するわけではないことに注意しましょう。

　では，テイラー展開について，きちんと定理を述べましょう。

定理 4.7　　**テイラーの定理**

　関数 $f(x)$ は，閉区間 $[a, x]$[※1] で $(n-1)$ 回微分可能かつ $f^{(n-1)}(x)$ が連続，開区間 (a, x)[※2] で n 回微分可能とする。このとき

$$f(x) = f(a) + f'(a)(x-a) + \frac{1}{2!}f''(a)(x-a)^2$$

$$+ \cdots + \frac{1}{(n-1)!}f^{(n-1)}(a)(x-a)^{n-1} + R_n$$

ただし

$$R_n = \frac{f^{(n)}(c)}{n!}(x-a)^n \qquad (a < c < x)^{※3}$$

と書ける。この R_n を剰余項という。

　この定理は，$x < a$ でもよく，その場合は，※1，※2，※3 はそれぞれ閉区間 $[x, a]$，

開区間 (x, a)，$a > c > x$ となります。また，シグマ記号 Σ を用いると $f(x)$ は

$$f(x) = \sum_{k=0}^{n-1} \frac{1}{k!} f^{(k)}(a)(x-a)^k + \frac{1}{n!} f^{(n)}(c)(x-a)^n$$

と書けます。この定理はロルの定理を用いて証明されますが，かなり難しいので，先を急ぐ読者は読み飛ばしてもかまいません。

証明

$f(x)$ は閉区間 $[a, b]$ で $(n-1)$ 回微分可能かつ $f^{(n-1)}(x)$ が連続とする。また，開区間 (a, b) で n 回微分可能とする。

$$f(b) = \sum_{k=0}^{n-1} \frac{f^{(k)}(a)}{k!}(b-a)^k + \frac{f^{(n)}(c)}{n!}(b-a)^n \qquad \cdots (4.3)$$

となる $c \in (a, b)$ が存在することを示す。

$$f(b) = \sum_{k=0}^{n-1} \frac{f^{(k)}(a)}{k!}(b-a)^k + \frac{K}{n!}(b-a)^n \qquad \cdots (4.4)$$

とおいて，$K = f^{(n)}(c)$ となることをいえばよい。

$$F(x) = \sum_{k=0}^{n-1} \frac{f^{(k)}(x)}{k!}(b-x)^k + \frac{K}{n!}(b-x)^n$$

とおくと，$F(a) = F(b) = f(b)$ であり，$[a, b]$ で連続かつ (a, b) で微分可能であるから，ロルの定理より $F'(c) = 0$ となる $c \in (a, b)$ が存在する。ここで

$$F'(x) = \frac{d}{dx}\left\{ f(x) + f'(x)(b-x) + \frac{1}{2!}f''(x)(b-x)^2 + \frac{1}{3!}f'''(x)(b-x)^3 + \right.$$

$$\left. \cdots + \frac{1}{(n-1)!}f^{(n-1)}(x)(b-x)^{n-1} + \frac{K}{n!}(b-x)^n \right\}$$

$$= f'(x) + \{-f'(x) + f''(x)(b-x)\} + \left\{ -f''(x)(b-x) + \frac{1}{2!}f'''(x)(b-x)^2 \right\}$$
$$\underbrace{}_{0} \qquad \underbrace{}_{0} \qquad \underbrace{}_{0}$$

$$+ \left\{ -\frac{1}{2!}f'''(x)(b-x)^2 + \frac{1}{3!}f^{(4)}(x)(b-x)^3 \right\} +$$

$$\cdots + \left\{ -\frac{1}{(n-2)!}f^{(n-1)}(x)(b-x)^{n-2} + \frac{1}{(n-1)!}f^{(n)}(x)(b-x)^{n-1} \right\} - \frac{K}{(n-1)!}(b-x)^{n-1}$$

$$= \frac{1}{(n-1)!} f^{(n)}(x)(b-x)^{n-1} - \frac{K}{(n-1)!}(b-x)^{n-1}$$

なので

$$F'(c) = \frac{1}{(n-1)!} f^{(n)}(c)(b-c)^{n-1} - \frac{K}{(n-1)!}(b-c)^{n-1} = 0$$

より

$$K = f^{(n)}(c)$$

となる。これを式(4.4)に代入して式(4.3)を得る。さらに $b=x$ として，定理が証明された。

定理4.7 において，特に $a=0$ とした場合のテイラー展開を，特にマクローリン展開といいます。

定理 4.8　マクローリン展開

テイラー展開において，$a=0$ とおいたとき

$$f(x) = f(0) + f'(0)x + \frac{f''(0)}{2!}x^2 + \frac{f'''(0)}{3!}x^3 + \cdots + \frac{f^{(n-1)}(0)}{(n-1)!}x^{n-1} + R_n$$

$$R_n = \frac{1}{n!} f^{(n)}(c)x^n \quad (c \in (a,\, x))$$

をマクローリン展開という。

たとえば

$$\sin x = x - \frac{1}{3!}x^3 + \frac{1}{5!}x^5 - \frac{1}{7!}x^7 + \cdots + R_n$$

はマクローリン展開です。R_n は近似の誤差とみなせるのです。

ほかにも例を見てみましょう。

例1 $f(x) = e^x$

$$f(x) = f'(x) = f''(x) = \cdots = f^{(n-1)}(x) = e^x$$
$$f(0) = f'(0) = f''(0) = \cdots = f^{(n-1)}(0) = e^0 = 1 \text{ より}$$

$$e^x = 1 + x + \frac{1}{2!}x^2 + \frac{1}{3!}x^3 + \frac{1}{4!}x^4 + \cdots + \frac{1}{(n-1)!}x^{n-1} + R_n$$

例2 $f(x) = \log(1+x)$

$$f'(x) = \frac{1}{1+x}, \quad f''(x) = -\frac{1}{(1+x)^2}, \quad f'''(x) = \frac{2}{(1+x)^3}, \quad f^{(4)}(x) = -\frac{6}{(1+x)^4}$$

$f(0) = 0, \ f'(0) = 1, \ f''(0) = -1, \ f'''(0) = 2, \ f^{(4)}(0) = -6$ より

$$\log(1+x) = x - \frac{1}{2}x^2 + \frac{1}{3}x^3 - \frac{1}{4}x^4 + \cdots + R_n$$

ここで **例1** の剰余項 R_n について考えてみましょう。

$$R_n = \frac{e^c}{n!}x^n \quad (c \in (0, x))$$

ですが，実はこの R_n は，$n \to \infty$ のとき $R_n \to 0$ となることが知られています。つまり，n を大きくとればとるほど誤差 R_n が小さくなり

$$e^x = 1 + x + \frac{1}{2!}x^2 + \frac{1}{3!}x^3 + \frac{1}{4!}x^4 + \cdots + \frac{1}{n!}x^n + \cdots = \sum_{k=0}^{\infty} \frac{1}{k!}x^k$$

という **等式** が成り立つのです。また，**例2** で $|x| < 1$ すなわち $-1 < x < 1$ の範囲で剰余項は $\lim_{n \to \infty} R_n = 0$ となることが知られており

$$\log(1+x) = x - \frac{1}{2}x^2 + \frac{1}{3}x^3 - \frac{1}{4}x^4 + \cdots = \sum_{n=1}^{\infty} \frac{1}{n}(-1)^{n-1}x^n$$

という等式が成り立つのです。

　関数が与えられたとき，テイラー展開における剰余項 R_n が収束するかどうか判定することは一般には難しいのです。また，右辺の級数をシグマ（Σ）記号を用いて表現することも，慣れが必要です。

　では，次の例題で，関数 $f(x)$ をマクローリン展開する練習をしましょう。ただし求めるのは4項目までで，剰余項は R_4 と書いてかまいません。

例 題 8

次の関数 $f(x)$ をマクローリン展開せよ。ただし，剰余項は R_4 でよい。

① $f(x) = \dfrac{1}{x-1}$ 　　　　② $f(x) = \tan x$

解き方

① $f(x) = \dfrac{1}{x-1}$, $f'(x) = -\dfrac{1}{(x-1)^2}$, $f''(x) = \boxed{}$, $f'''(x) = \boxed{}$ より

$f(0) = -1$, $f'(0) = -1$, $f''(0) = \boxed{}$, $f'''(0) = \boxed{}$, だから

$\dfrac{1}{x-1} = f(0) + f'(0)x + \dfrac{1}{2!}f''(0)x^2 + \dfrac{1}{3!}f'''(0)x^3 + R_4$

$\qquad = -1 - x + \dfrac{1}{2!}\left(\boxed{}\right)x^2 + \dfrac{1}{3!}\left(\boxed{}\right)x^3 + R_4$

$\qquad = \boxed{} + R4$

② $f(x) = \tan x$, $f'(x) = \dfrac{1}{\cos^2 x}$

$f''(x) = \dfrac{-2\cos x \cdot (-\sin x)}{\cos^4 x} = \dfrac{2\sin x}{\cos^3 x}$

$f'''(x) = \dfrac{2\cos x \cdot \cos^3 x - (2\sin x) \cdot 3\cos^2 x \cdot (-\sin x)}{\cos^6 x}$

$\qquad = \dfrac{2\cos^2 x + 6\sin^2 x}{\cos^4 x}$

より

$f(0) = 0$, $f'(0) = \boxed{}$, $f''(0) = \boxed{}$, $f'''(0) = \boxed{}$

だから

$\tan x = f(0) + f'(0)x + \dfrac{1}{2!}f''(0)x^2 + \dfrac{1}{3!}f'''(0)x^3 + R_4$

$\qquad = 0 + \boxed{}\,x + \dfrac{1}{2!} \cdot \boxed{} \cdot x^2 + \dfrac{1}{3!} \cdot \boxed{} \cdot x^3 + R_4$

$\qquad = \boxed{} + R_4$

練習問題 ❷

次の関数 $f(x)$ を指示にしたがってそれぞれマクローリン展開せよ。

(1)　$f(x) = \dfrac{1}{1+x}$　　　　(2) $f(x) = \text{Tan}^{-1}x$　　　　(3) $f(x) = \sqrt{1+x}$

①　$f'(x),\ f''(x),\ f'''(x)$ を求めよ。

②　$f(0),\ f'(0),\ f''(0),\ f'''(0)$ を求めよ。

③　剰余項を R_4 として，$n=3$ までの項でマクローリン展開せよ。

テイラー展開やマクローリン展開において，剰余項 R_n が，$\lim\limits_{n \to \infty} R_n = 0$ となる x の範囲で，与えられた関数を無限級数で表すことができます。すなわち，その範囲で左辺の関数と右辺の級数とは等号で結ばれるのです。もう一度，よく知られた例をあげておきましょう。なお，「$x \in \mathbb{R}$」とはすべての実数という意味です。

①　$\sin x = x - \dfrac{1}{3!}x^3 + \dfrac{1}{5!}x^5 - \dfrac{1}{7!}x^7 + \cdots = \displaystyle\sum_{k=0}^{\infty} \dfrac{(-1)^k}{(2k+1)!}x^{2k+1}$　　$(x \in \mathbb{R})$

②　$\cos x = 1 - \dfrac{1}{2!}x^2 + \dfrac{1}{4!}x^4 - \dfrac{1}{6!}x^6 + \cdots = \displaystyle\sum_{k=0}^{\infty} \dfrac{(-1)^k}{(2k)!}x^{2k}$　　$(x \in \mathbb{R})$

③　$e^x = 1 + x + \dfrac{1}{2!}x^2 + \dfrac{1}{3!}x^3 + \cdots = \displaystyle\sum_{k=0}^{\infty} \dfrac{1}{k!}x^k$　　$(x \in \mathbb{R})$

④　$\log(1+x) = x - \dfrac{1}{2}x^2 + \dfrac{1}{3}x^3 - \dfrac{1}{4}x^4 + \cdots = \displaystyle\sum_{k=1}^{\infty} \dfrac{(-1)^{k-1}}{k}x^k$　　$(-1 < x \leq 1)$

⑤　$\dfrac{1}{1-x} = 1 + x + x^2 + x^3 + \cdots = \displaystyle\sum_{k=0}^{\infty} x^k$　　$(-1 < x < 1)$

マクローリン展開は，いろいろな興味深い内容を含んでいます。たとえば，①と②をよく見てみましょう。実は，与えられた無限級数を項別微分できるかどうかを考察する必要があるのですが，ためしに①の右辺を形式的に微分すると

$$\left(x - \dfrac{1}{3!}x^3 + \dfrac{1}{5!}x^5 - \dfrac{1}{7!}x^7 \cdots \right)' = 1 - \dfrac{1}{2!}x^2 + \dfrac{1}{4!}x^4 - \dfrac{1}{6!}x^6 + \cdots$$

となり，②の$\cos x$のマクローリン展開が得られました。この結果は$(\sin x)' = \cos x$という事実と一致しています。

また，③の右辺を項別微分してみると

$$\left(1 + x + \frac{1}{2!}x^2 + \frac{1}{3!}x^3 \cdots\right)' = 1 + x + \frac{1}{2!}x^2 + \frac{1}{3!}x^3 + \cdots$$

となり，$(e^x)' = e^x$という事実と一致しますね。

さらに，④の右辺を項別微分すると

$$\left(x - \frac{1}{2}x^2 + \frac{1}{3}x^3 - \frac{1}{4}x^4 + \cdots\right)' = 1 - x + x^2 - x^3 + \cdots$$

となり，$\dfrac{1}{1+x}$ のマクローリン展開と一致します。つまり，$\left\{\log(1+x)\right\}' = \dfrac{1}{1+x}$ ということですね。

ここで，③について詳しく見てみましょう。

$$e^x = 1 + x + \frac{1}{2!}x^2 + \frac{1}{3!}x^3 + \frac{1}{4!}x^4 + \frac{1}{5!}x^5 + \frac{1}{6!}x^6 + \frac{1}{7!}x^7 + \cdots$$

で，$x = 1$とおき，右辺8項目までの和を求めてみます。

$$e^1 = e = 1 + 1 + \frac{1}{2!} + \frac{1}{3!} + \frac{1}{4!} + \frac{1}{5!} + \frac{1}{6!} + \frac{1}{7!}$$

$$1 + 1 + \frac{1}{2!} = 1 + 1 + \frac{1}{2} = 2.5$$

$$\frac{1}{3!} = \frac{1}{6} \qquad = 0.166666\cdots$$

$$\frac{1}{4!} = \frac{1}{24} \qquad = 0.041666\cdots$$

$$\frac{1}{5!} = \frac{1}{120} \qquad = 0.008333\cdots$$

$$\frac{1}{6!} = \frac{1}{720} \qquad = 0.001388\cdots$$

$$+\left) \quad \frac{1}{7!} = \frac{1}{5\,040} \qquad = 0.000198\cdots \right.$$

$$\overline{\qquad\qquad\qquad 2.718251\cdots}$$

となって，10ページで紹介した値$e = 2.71828\cdots$に近い値となりますね。厳密には誤差について考慮する必要があるのですが，このようにマクローリン展開を用いてeの近似値を求めることができます。

　また，④のマクローリン展開は，特に $x=1$ のとき

$$\log 2 = 1 - \frac{1}{2} + \frac{1}{3} - \frac{1}{4} + \cdots + (-1)^{n-1}\frac{1}{n} + \cdots$$

が成立します。美しい等式ですね。

　テイラー展開を用いると，$\sqrt{5}$ の近似値を求めることができます。

　$f(x) = \sqrt{x}$ の $x=4$ のまわりのテイラー展開を考えると

$$f(x) = \sqrt{x} = x^{\frac{1}{2}}, \quad f'(x) = \frac{1}{2}x^{-\frac{1}{2}}, \quad f''(x) = -\frac{1}{4}x^{-\frac{3}{2}}, \quad f'''(x) = \frac{3}{8}x^{-\frac{5}{2}}$$

であり

$$f(4) = \sqrt{4} = 2, \quad f'(4) = \frac{1}{4}, \quad f''(4) = -\frac{1}{32}, \quad f'''(4) = \frac{3}{256}$$

から

$$\sqrt{x} = f(4) + f'(4)(x-4) + \frac{1}{2!}f''(4)(x-4)^2 + \frac{1}{3!}f'''(4)(x-4)^3 + R_4$$

$$= 2 + \frac{1}{4}(x-4) - \frac{1}{64}(x-4)^2 + \frac{1}{512}(x-4)^3 + R_4$$

で，$x=5$ とすると

$$\sqrt{5} \fallingdotseq 2 + \frac{1}{4} - \frac{1}{64} + \frac{1}{512} = \frac{1145}{512} = 2.236328\cdots$$

となり，真の値 $\sqrt{5} = 2.2360679\cdots$ と小数第3位まで一致します。

　このようにして，マクローリン展開やテイラー展開を用いて，関数のある値における近似値を求めることができるのです。少々複雑な計算をしなければならないとはいえ，与えられた関数を多項式で近似できるというのは，興味深いことではないでしょうか。

　なお，無限級数について詳しく述べるには，収束域，極限関数，一様収束，絶対収束といった用語が必要になります。進んだ内容について知りたい読者は「級数論」について書かれた書物を参考にしてください。

4.4　ライプニッツの公式

マクローリン展開の際、与えられた関数 $f(x)$ を繰り返し微分して，$f^{(n)}(0)$ の値を求めました。では，関数 $y = \mathrm{Tan}^{-1}x$ のマクローリン展開について考えてみましょう。

$$f(x) = \mathrm{Tan}^{-1}x \text{ で } f(0) = \mathrm{Tan}^{-1}0 = 0$$

$$f'(x) = \frac{1}{1+x^2} \text{ より } f'(0) = \frac{1}{1+0} = 1$$

$$f''(x) = \frac{-2x}{(1+x^2)^2} \text{ より } f''(0) = 0$$

$$f'''(x) = \frac{-2(1+x^2)^2 - (-2x)\cdot 2(1+x^2)\cdot 2x}{(1+x^2)^4} = \frac{-2(1+x^2) + 8x^2}{(1+x^2)^3} = \frac{-2+6x^2}{(1+x^2)^3}$$

より，$f'''(0) = -2$

$$f^{(4)}(x) = \frac{12x(1+x^2)^3 - (-2+6x^2)\cdot 3(1+x^2)^2 \cdot 2x}{(1+x^2)^6} = \frac{12x(1+x^2) - 6x(-2+6x^2)}{(1+x^2)^4}$$

$$= \frac{-24x^3 + 24x}{(1+x^2)^4}$$

より，$f^{(4)}(0) = 0$

$$\vdots$$

となり，次々に求めることができますが，計算が面倒なうえに一般式 $f^{(n)}(x)$ がどのような形をしているのか予測できません。

ほかの方法で $f^{(n)}(x)$ を求めることを考えてみましょう。

$$f'(x) = \frac{1}{1+x^2} \text{ より } f'(0) = 1$$

また

$$(1+x^2)f'(x) = 1 \qquad \cdots (4.5)$$

となります。式 (4.5) の両辺を x で微分すると，左辺は積の微分公式より

$$2xf'(x) + (1+x^2)f''(x) = 0 \qquad \cdots (4.6)$$

ここで，$x = 0$ とおくと　$f''(0) = 0$　を得ます。

式 (4.6) をさらに x で微分して

$$2\{f'(x)+xf''(x)\}+2xf''(x)+(1+x^2)f'''(x)=0$$

$$2f'(x)+4xf''(x)+(1+x^2)f'''(x)=0 \qquad \cdots (4.7)$$

$x=0$ とおいて　$2f'(0)+f'''(0)=0$

$$\therefore f'''(0)=-2f'(0)=-2\cdot1=-2$$

さらに，式 (4.7) を x で微分して

$$2f''(x)+4\{f''(x)+xf'''(x)\}+2xf'''(x)+(1+x^2)f^{(4)}(x)=0$$

$$6f''(x)+6xf'''(x)+(1+x^2)f^{(4)}(x)=0$$

$x=0$ とおいて　$6f''(0)+f^{(4)}(0)=0$

$$\therefore f^{(4)}(0)=-6f''(0)=0$$

となり，式 (4.5) を繰り返し微分して $x=0$ とおけば，次々に $f^{(n)}(x)$ の値が得られますね。

ここで，式 (4.5) を n 回微分したときの一般式（n を用いた式）が得られれば，$n=0$, 1, 2, $\cdots$ と代入することにより，$f^{(0)}(0)$, $f^{(1)}(0)$, $f^{(2)}(0)$, $\cdots$, $f^{(n)}(0)$, $\cdots$ が得られることがわかります。では，式 (4.5) より

$$(1+x^2)f'(x)=1$$

の両辺を n 回微分する方法を考えてみましょう。

一般に，$f(x)$, $g(x)$ が与えられたとき，積 $f(x)g(x)$ の n 回微分

$$\{f(x)g(x)\}^{(n)}$$

を簡単に

$$(fg)^{(n)}$$

と書くことにします。

$n=1$ のとき，　$(fg)^{(1)}=(fg)'=f'g+fg'$　（積の微分公式）

$n=2$ のとき，　$(fg)^{(2)}=(f'g+fg')'=(f'g)'+(fg')'$

$$=f''g+f'g'+f'g'+fg''$$

$$=f''g+2f'g'+fg''$$

$n=3$ のとき，　$(fg)^{(3)}=(fg)'''=(f''g)'+2(f'g')'+(fg'')'$

$$=f'''g+f''g'+2(f''g'+f'g'')+f'g''+fg'''$$

$$=f'''g+3f''g'+3f'g''+fg'''$$

となります。微分した後の各項の係数が，どこかで見た公式と同じだと思いませんか？乗法公式 $(a+b)^2$, $(a+b)^3$ を展開したときの各項の係数を思い出してください。これらはそれぞれ

$$(a+b)^2 = a^2 + 2ab + b^2$$
$$(a+b)^3 = a^3 + 3a^2b + 3ab^2 + b^3$$

であり，$(fg)''$，$(fg)'''$の結果は，累乗の指数1，2，3を微分の階数 " $'$ "，" $''$ "，" $'''$ " に置き換えたものですね。一般に，次のライプニッツの公式が成立します。

定理 4.9　ライプニッツの公式

$f(x)$，$g(x)$がともにn次導関数をもてば，次の式が成り立つ。

$$\{f(x)g(x)\}^{(n)} = \sum_{r=0}^{n} {}_nC_r f^{(n-r)}(x) g^{(r)}(x)$$

$$= {}_nC_0 f^{(n)}(x)g(x) + {}_nC_1 f^{(n-1)}(x)g'(x) + {}_nC_2 f^{(n-2)}(x)g''(x)$$

$$+ \cdots + {}_nC_r f^{(n-r)}(x)g^{(r)}(x) + \cdots + {}_nC_{n-1}f'(x)g^{(n-1)}(x) + {}_nC_n f^{(0)}(x)g^{(n)}(x)$$

ただし，$f^{(0)}(x) = f(x)$，$g^{(0)}(x) = g(x)$とする。

この定理の中の${}_nC_r$の計算のしかたについては，忘れている読者は11ページを読んでください。また，

$$\quad {}_nC_0 = 1, \quad {}_nC_n = 1, \quad {}_nC_{r-1} + {}_nC_r = {}_{n+1}C_r$$

などが成立します。 定理4.9 を数学的帰納法を用いて証明しますが、先を急がれる読者は138ページの14行目まで飛ばしても構いません。

1) $n=1$のとき　積の微分公式より

$(fg)' = f'g + fg'$であり

$(fg)^{(1)} = {}_1C_0 f^{(1)}g^{(0)} + {}_1C_1 f^{(0)}g^{(1)} = f'g + fg'$と一致するので定理は成り立ちます。

2) $n=k$のとき定理が成立すると仮定します。つまり

$$(fg)^{(k)} = \sum_{r=0}^{k} {}_kC_r f^{(k-r)}g^{(r)}$$

$$= {}_kC_0 f^{(k)}g^{(0)} + {}_kC_1 f^{(k-1)}g^{(1)} + {}_kC_2 f^{(k-2)}g^{(2)}$$

$$+ \cdots + {}_kC_{k-1}f^{(1)}g^{(k-1)} + {}_kC_k f^{(0)}g^{(k)}$$

が成り立つとします。

3)　$n=k+1$ のとき

$$\left(fg\right)^{(k+1)}=\left\{\left(fg\right)^{(k)}\right\}'$$

$$={}_kC_0\left\{f^{(k)}g^{(0)}\right\}'+{}_kC_1\left\{f^{(k-1)}g^{(1)}\right\}'+{}_kC_2\left\{f^{(k-2)}g^{(2)}\right\}'$$

$$+\cdots+{}_kC_{k-1}\left\{f^{(1)}g^{(k-1)}\right\}'+{}_kC_k\left\{f^{(0)}g^{(k)}\right\}'$$

$$={}_kC_0\left\{f^{(k+1)}g^{(0)}+\underline{f^{(k)}g^{(1)}}\right\}+{}_kC_1\left\{\underline{f^{(k)}g^{(1)}}+\underset{\sim}{f^{(k-1)}g^{(2)}}\right\}$$

$$+{}_kC_2\left\{\underset{\sim}{f^{(k-1)}g^{(2)}}+f^{(k-2)}g^{(3)}\right\}+\cdots+{}_kC_{k-1}\left\{f^{(2)}g^{(k-1)}+\underline{\underline{f^{(1)}g^{(k)}}}\right\}$$

$$+{}_kC_k\left\{\underline{\underline{f^{(1)}g^{(k)}}}+f^{(0)}g^{(k+1)}\right\}$$

$$={}_kC_0f^{(k+1)}g^{(0)}+\left(\underline{{}_kC_0+{}_kC_1}\right)f^{(k)}g^{(1)}+\left(\underset{\sim}{{}_kC_1+{}_kC_2}\right)f^{(k-1)}g^{(2)}$$

$$+\cdots+\left(\underline{\underline{{}_kC_{k-1}+{}_kC_k}}\right)f^{(1)}g^{(k)}+{}_kC_kf^{(0)}g^{(k+1)}$$

ここで

$${}_kC_0={}_{k+1}C_0,\quad {}_kC_k={}_{k+1}C_{k+1},\quad {}_kC_{k-1}+{}_kC_k={}_{k+1}C_k$$

ですから

$$\left(fg\right)^{(k+1)}={}_{k+1}C_0f^{(k+1)}g^{(0)}+{}_{k+1}C_1f^{(k)}g^{(1)}+{}_{k+1}C_2f^{(k-1)}g^{(2)}$$

$$+\cdots+{}_{k+1}C_kf^{(1)}g^{(k)}+{}_{k+1}C_{k+1}f^{(0)}g^{(k+1)}$$

$$=\sum_{r=0}^{k+1}{}_{k+1}C_rf^{(k+1-r)}\left(x\right)g^{(r)}\left(x\right)$$

となり，$n=k+1$ のときも成り立つことが証明できました。

このライプニッツの公式を用いて，135ページの式 (4.5)

$$\left(1+x^2\right)f'\left(x\right)=1$$

の両辺を $n+1$ 回微分してみましょう。

$$\left(1+x^2\right)'=2x,\quad \left(1+x^2\right)''=\left(2x\right)'=2,\quad \left(1+x^2\right)'''=\left(2\right)'=0$$

ですから，$1+x^2$ は3回以上微分すると0になります。2項係数 ${}_{n+1}C_r$ に注意して

$$\left\{\left(1+x^2\right)f'\left(x\right)\right\}^{(n+1)}=\left\{f'\left(x\right)\left(1+x^2\right)\right\}^{(n+1)}$$

$$={}_{n+1}C_0f^{(n+2)}\left(x\right)\left(1+x^2\right)+{}_{n+1}C_1f^{(n+1)}\left(x\right)\left(1+x^2\right)'+{}_{n+1}C_2f^{(n)}_{(x)}\left(1+x^2\right)''$$

$$=f^{(n+2)}\left(x\right)\left(1+x^2\right)+\left(n+1\right)f^{(n+1)}\left(x\right)\cdot 2x+\frac{1}{2}\left(n+1\right)nf^{(n)}\left(x\right)\cdot 2$$

$$=f^{(n+2)}\left(x\right)\left(1+x^2\right)+2\left(n+1\right)xf^{(n+1)}\left(x\right)+\left(n+1\right)nf^{(n)}\left(x\right)$$

$$\therefore \ f^{(n+2)}(x)(1+x^2)+2(n+1)xf^{(n+1)}(x)+(n+1)nf^{(n)}(x)=0$$

この式で$x=0$とおくと，左辺の第2項が0になりますから

$$\therefore \ f^{(n+2)}(0)=-(n+1)nf^{(n)}(0) \qquad\qquad\qquad \cdots (4.8)$$

$f^{(0)}(0)=\mathrm{Tan}^{-1}0=0,\quad f^{(1)}(0)=f'(0)=\dfrac{1}{1+0}=1$ であって（式4.8）に$n=0,\ 1,\ 2,\ 3\cdots$

を代入すると

$$f^{(2)}(0)=0$$
$$f^{(3)}(0)=-2\cdot1\cdot f^{(1)}(0)=-2\cdot1\cdot1=-2$$
$$f^{(4)}(0)=-3\cdot2\cdot f^{(2)}(0)=-3\cdot2\cdot0=0$$
$$f^{(5)}(0)=-4\cdot3\cdot f^{(3)}(0)=-4\cdot3\cdot\left\{-2\cdot1\cdot f^{(1)}(0)\right\}=24$$
$$\vdots$$

などがわかります。式（4.8）は微分の階数が$n+2$とnで，2つ離れているときの関係を示す漸化式ですから

$$f^{(n)}(0)=-(n-1)(n-2)f^{(n-2)}(0)$$
$$=-(n-1)(n-2)\left\{-(n-3)(n-4)f^{(n-4)}(0)\right\}$$

というように微分階数が2つずつ下がり，nが偶数のときは最後に$f^{(0)}(0)=0$を掛けるので$f^{(n)}(0)=0$となります。これを

$$f^{(2m)}(0)=0$$

と書きましょう。

nが奇数のときは最後に$f^{(1)}(0)=f'(0)=1$を掛けることになり

$$f^{(2m-1)}(0)=-(2m-2)(2m-3)f^{(2m-3)}(0)$$
$$=-(2m-2)(2m-3)\left\{-(2m-4)(-2m-5)f^{(2m-5)}(0)\right\}$$
$$=(-1)^{m-1}(2m-2)(2m-3)\cdots2\cdot1\cdot f^{(1)}(0)$$
$$=(-1)^{m-1}(2m-2)!$$

となります。

まとめると$f(x)=\mathrm{Tan}^{-1}x$の$f^{(n)}(0)$の値は

$$f^{(n)}(0)=\begin{cases}0 & (n=2m)\\ (-1)^{m-1}(2m-2)! & (n=2m-1)\end{cases}$$

となり，この値を$n!$で割った$\dfrac{f^{(n)}(0)}{n!}$が$y=\mathrm{Tan}^{-1}x$のマクローリン展開の各項の係数を与えることになるのです。ライプニッツの公式を用いることによってn項目の値を求められるというのが新しい発見ですね。

同様にして，$y=\mathrm{Sin}^{-1}x$ のマクローリン展開の各項の係数について考えてみましょう。

$f(x)=\mathrm{Sin}^{-1}x$ とおくと

$$f'(x)=\frac{1}{\sqrt{1-x^2}}\ \text{より}\ \sqrt{1-x^2}f'(x)=1\quad(\Leftarrow\text{これをさらに両辺を微分して})$$

$$\frac{1}{2}\cdot\frac{-2x}{\sqrt{1-x^2}}f'(x)+\sqrt{1-x^2}f''(x)=0$$

両辺に $\sqrt{1-x^2}$ を掛けて式を整理すると

$$\left(1-x^2\right)f''(x)-xf'(x)=0$$

となります。ライプニッツの公式を用いて，両辺を n 回微分してみましょう。左辺は

$$
\begin{aligned}
&\left\{\left(1-x^2\right)f''(x)-xf'(x)\right\}^{(n)}\\
&=\left\{f''(x)\left(1-x^2\right)\right\}^{(n)}-\left\{f'(x)x\right\}^{(n)}\\
&=f^{(n+2)}(x)\left(1-x^2\right)+nf^{(n+1)}(x)(-2x)+\frac{n(n-1)}{2}f^{(n)}(x)\cdot(-2)\\
&\quad-f^{(n+1)}(x)x-nf^{(n)}(x)\\
&=f^{(n+2)}(x)\left(1-x^2\right)-2nxf^{(n+1)}(x)-n(n-1)f^{(n)}(x)-f^{(n+1)}(x)x-nf^{(n)}(x)
\end{aligned}
$$

ですから式を整理すると

$$f^{(n+2)}(x)\left(1-x^2\right)-(2n+1)xf^{(n+1)}(x)-n^2f^{(n)}(x)=0$$

を得ます。ここで，$x=0$ とおくと

$$f^{(n+2)}(0)=n^2f^{(n)}(0)\qquad\qquad\cdots\ (4.9)$$

となり，これは微分の階数が2だけ離れている漸化式ですね。

$$f^{(0)}(0)=\mathrm{Sin}^{-1}0=0$$

$$f^{(1)}(x)=f'(x)=\frac{1}{\sqrt{1-x^2}}\ \text{より}\ f^{(1)}(0)=1$$

$$f^{(2)}(x)=f''(x)=\frac{x}{\left(1-x^2\right)\sqrt{1-x^2}}\ \text{より}\ f^{(2)}(0)=0$$

よって，n が偶数のとき

$$f^{(n)}(0)=(n-2)^2f^{(n-2)}(0)$$

$$= (n-2)^2 (n-4)^2 f^{(n-4)}(0)$$
$$= \cdots = (n-2)^2 (n-4)^2 \cdots 2^2 \cdot f^{(2)}(0)$$
$$= 0$$

n が奇数のときは

$$f^{(n)}(0) = (n-2)^2 f^{(n-2)}(0)$$
$$= \cdots = (n-2)^2 (n-4)^2 \cdots 3^2 \cdot 1^2 \cdot f^{(1)}(0)$$
$$= (n-2)^2 (n-4)^2 \cdots 3^2 \cdot 1^2$$

となります。これらのことはまとめて

$$f^{(n)}(0) = \begin{cases} 0 & (n = 2m) \\ 1^2 \cdot 3^2 \cdot \cdots \cdot (2m-3)^2 & (n = 2m-1) \end{cases}$$

と書けます。

　ライプニッツの公式から漸化式が得られるので，こうした一般式を導けるのですね。

例題の解答

第1章 例題の解答

1 ア 3　イ $1+\dfrac{1}{n}$　ウ $\dfrac{1}{2}$　エ $\dfrac{1}{\sqrt{n+1}+\sqrt{n}}$　オ 0

2 ア 3　イ $x+5$　ウ $\dfrac{5}{2}$　エ $x-1$　オ $x-1$　カ -1

3 ア 4　イ 1　ウ 1　エ $(x^2+1)(x+1)$　オ 4

第2章 例題の解答

1 ア $(3+h)^2$　イ $3+h$　ウ $6h+h^2$　エ $6+h$　オ $6+h$　カ 6
　　キ 6　ク $(-1+h)^2$　ケ $-1+h$　コ $-2h+h^2$　サ $-2+h$
　　シ $-2+h$　ス -2　セ -2

2 ア $x^3+3x^2h+3xh^2+h^3$　イ $3x^2h+3xh^2+h^3$　ウ $3x^2+3xh+h^2$　エ $3x^2$

3 ア $7x^6$　イ $10x^9$　ウ $20x^{19}$

4 ア $8x^3-6x-5$　イ $-15x^4+x$　ウ $15x^2-4x+4$

5 ア -10　イ $-25x^4+6x-8$　ウ -27

6 ア $x+1$　イ -1　ウ -1　エ -1　オ $\dfrac{1}{3}$　カ -1
　　キ 0　ク 0　ケ ↗　コ ↘　サ -1　シ $x-2$　ス 2
　　セ 0　ソ 2　タ 0　チ 2　ツ 2　テ 4　ト 0
　　ナ －　ニ 0　ヌ －　ネ ↗

第 3 章 例題の解答

1 ア $-2xh-h^2$　イ $-2x-h$　ウ $-\dfrac{2}{x^3}$

2 ア $-5x^{-6}$　イ x^6　ウ $-6x^{-7}$　エ 24　オ x^7

3 ア $3x^2$　イ 6　ウ $-\dfrac{3}{x^4}$　エ $4x^3$　オ 8　カ $-\dfrac{4}{x^5}$

4 ア $2x+3$　イ $3x^2$　ウ $5x^4+12x^3-3x^2+2x+3$　エ $3x^2-2$　オ $4x$

カ $10x^4-21x^2+6$　キ 3　ク 1　ケ $-\dfrac{8}{(x-2)^2}$

コ $-\dfrac{2x-5}{\left(x^2-5x+4\right)^2}$

5 ア 7　イ $2x+5$　ウ $\left(x^2+5x-3\right)^7(2x+5)$

6 ア $-20u^{-5}$　イ 3　ウ $-\dfrac{60}{(3x-4)^5}$

7 ア $-\dfrac{2}{3}$　イ $\sqrt[3]{x^2}$　ウ $-\dfrac{8}{5}$　エ $x\sqrt[5]{x^3}$

8 ア $-\dfrac{1}{2}$　イ $2x+2$　ウ $x+1$　エ $\sqrt{x^2+2x+3}$　オ $2x$

カ $\dfrac{1}{2}x^{-\frac{1}{2}}$ または $\dfrac{1}{2\sqrt{x}}$　キ $5x^2+2$　ク $2\sqrt{x}$

ケ $\dfrac{1}{2}(x+2)^{-\frac{1}{2}}$ または $\dfrac{1}{2\sqrt{x+2}}$　コ $x+4$　サ $2\sqrt{x+2}\,(x+2)$

9 ア $A-B$　イ $\dfrac{2x+h}{2}$　ウ $\dfrac{h}{2}$　エ $x+\dfrac{h}{2}$　オ $\dfrac{h}{2}$

カ $x+\dfrac{h}{2}$　キ $\dfrac{h}{2}$　ク $-\sin x$

10 ア $\cos x$　イ $2\sin x\cos x$ または $\sin 2x$　ウ $-\sin u$
エ $-2\sin(2x+1)$　オ e^u　カ $(2x+1)e^{x^2+x}$

キ　$\dfrac{1}{x}$　　ク　$\dfrac{3\left(\log x\right)^2}{x}$

11　ア　$2x$　　イ　e^x　　ウ　$\left(2+x\right)x$ または $2x+x^2$　　エ　$\dfrac{1}{x}$　　オ　$\log x+1$

カ　$-\sin x$　　キ　$\cos x$　　ク　$-\dfrac{1}{\sin^2 x}$

12　ア　$\sin x$　　イ　$\dfrac{1}{\sqrt{2}}\left(\dfrac{\sqrt{2}}{2}\right)$　　ウ　$\dfrac{\pi}{4}$　　エ　$-\dfrac{\sqrt{3}}{2}$　　オ　$\cos x$

カ　$\dfrac{1}{\sqrt{2}}\left(\dfrac{\sqrt{2}}{2}\right)$　　キ　$-\dfrac{1}{\sqrt{2}}\left(-\dfrac{\sqrt{2}}{2}\right)$

ク　$\tan x$　　ケ　1　　コ　-1

13　ア　$\dfrac{\pi}{3}$　　イ　$-\dfrac{\pi}{3}$　　ウ　$\dfrac{\pi}{4}$　　エ　$\dfrac{\pi}{4}$　　オ　$\dfrac{3}{4}\pi$　　カ　$\dfrac{\pi}{6}$　　キ　$\dfrac{\pi}{6}$

ク　$-\dfrac{\pi}{6}$　　ケ　$-\dfrac{\pi}{3}$

14　ア　$-\sin y$　　イ　x^2　　ウ　$-\dfrac{1}{\sqrt{1-x^2}}$

15　ア　$\dfrac{1}{a}$　　イ　a^2+x^2　　ウ　$\dfrac{a}{a^2+x^2}$

16　ア　$-\dfrac{1}{x^2}$　　イ　$-\dfrac{1}{x^2+1}$

17　ア　$\dfrac{2x-1}{x^2-x+1}$　　イ　$\dfrac{2x}{x^2-1}$　　ウ　$\dfrac{1}{x-2}$

第 4 章　例題の解答

1　ア　0　　イ　1　　ウ　$3x^2-1$　　エ　$-\dfrac{1}{\sqrt{3}}\left(-\dfrac{\sqrt{3}}{3}\right)$　　オ　$\dfrac{1}{\sqrt{3}}\left(\dfrac{\sqrt{3}}{3}\right)$

2　ア　$-\cos x$　　イ　e^x　　ウ　$-\dfrac{1}{x^2}$

3　ア　$-\cos x$　　イ　$\sin x$　　ウ　$\cos x$　　エ　$-\cos x$　　オ　$\sin x$

カ　$2\left(1-x\right)^{-3}$ または $2!\left(1-x\right)^{-3}$　　キ　$6\left(1-x\right)^{-4}$ または $3!\left(1-x\right)^{-4}$

ク　$24\left(1-x\right)^{-5}$ または $4!\left(1-x\right)^{-5}$　　ケ　$-n-1$

4 ア $6x^5+1$　イ $4x^3+2x$　ウ $\dfrac{7}{6}$　エ e^x　オ 1　カ $\pi\cos\pi x$

キ $-\pi$

5 ア $\sin x+x\cos x$　イ $-\sin x$　ウ $2\cos x-x\sin x$　エ 0

オ $1-\cos x$　カ $\sin x$　キ $\dfrac{\sin x}{x}$　ク $\dfrac{1}{6}$

6 ア 0　イ 0　ウ 1　エ 1　オ $\dfrac{1}{2}$　カ 0　キ 0　ク 0

ケ $-1+\dfrac{1}{2}\left(x+\dfrac{\pi}{2}\right)^2$

7 ア 0　イ -1　ウ $1-\dfrac{1}{2}x^2$　エ -1　オ 0

カ $-\left(x-\dfrac{\pi}{2}\right)+\dfrac{1}{6}\left(x-\dfrac{\pi}{2}\right)^3$

8 ア $\dfrac{2}{(x-1)^3}$　イ $-\dfrac{6}{(x-1)^4}$　ウ -2　エ -6　オ -2　カ -6

キ $-1-x-x^2-x^3$　ク 1　ケ 0　コ 2　サ 1　シ 0　ス 2

セ $x+\dfrac{1}{3}x^3$

練習問題の解答

第2章　練習問題の解答

1 ① $y'=4x^3+3x^2+2x+1$ ② $y'=-15x^4+12x^2+2$

③ $y'=\dfrac{3}{4}x^2-x+\dfrac{1}{5}$

2 ① 17 ② 5

（解説）

① $f'(x)=6x^2+4x+1$ より
$f'(-2)=6(-2)^2+4(-2)+1=24-8+1=17$

② $f'(x)=-12x^3-6x^2-1$ より
$f'(-1)=-12(-1)^3-6(-1)^2-1=12-6-1=5$

3 ①

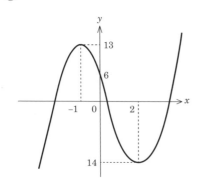

②

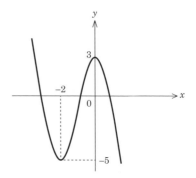

（解説）

① $y=2x^3-3x^2-12x+6$　より

$y'=6x^2-6x-12=6\left(x^2-x-2\right)=6\left(x+1\right)\left(x-2\right)$

$y'=0$として　$x=-1,\ 2$

$y'>0$として　$x<-1,\ 2<x$

$y'<0$として　$-1<x<2$

$x=-1$のとき　極大値13

$x=2$のとき　極小値-14

y切片は6

（増減表）

x	$\cdots$	-1	$\cdots$	2	$\cdots$
y'	$+$	0	$-$	0	$+$
y	$\nearrow$	13	$\searrow$	-14	$\nearrow$

② $y=-2x^3-6x^2+3$ より

$y'=-6x^2-12x=-6x\left(x+2\right)$

$y'=0$として　$x=-2,\ 0$

$y'>0$として　$-2<x<0$

$y'<0$として　$x<-2,\ 0<x$

$x=-2$のとき　極小値-5

$x=0$のとき　極大値3

y切片は3

（増減表）

x	$\cdots$	-2	$\cdots$	0	$\cdots$
y'	$-$	0	$+$	0	$-$
y	$\searrow$	-5	$\nearrow$	3	$\searrow$

第3章　練習問題の解答

$\boxed{1}$　①　$-\dfrac{6}{x^4}$　②　$\dfrac{20}{x^5}$

（解説）

①　$\left(\dfrac{2}{x^3}\right)'=\left(2x^{-3}\right)'=2\left(x^{-3}\right)'=2\cdot(-3)x^{-4}=-6x^{-4}=-\dfrac{6}{x^4}$

②　$\left(-\dfrac{5}{x^4}\right)'=\left(-5x^{-4}\right)'=-5\left(x^{-4}\right)'=-5\cdot(-4)x^{-5}=20x^{-5}=\dfrac{20}{x^5}$

2①　① $y'=3x^2+4x$　　② $y'=2x^3+2x^2+5$

③ $y'=3x^2+4x+2$　　④ $y'=4x^3+2x$

⑤ $y'=-\dfrac{1}{x^2}+\dfrac{2}{x^3}-\dfrac{3}{x^4}$　　⑥ $y'=\dfrac{-x^2+1}{\left(x^2+1\right)^2}$

（解説）

⑤　$y'=\left(\dfrac{1}{x}\right)'-\left(\dfrac{1}{x^2}\right)'+\left(\dfrac{1}{x^3}\right)'=\left(x^{-1}\right)'-\left(x^{-2}\right)'+\left(x^{-3}\right)'$

$=-x^{-2}-(-2)x^{-3}-3x^{-4}=-\dfrac{1}{x^2}+\dfrac{2}{x^3}-\dfrac{3}{x^4}$

⑥　$y'=\left(\dfrac{x}{x^2+1}\right)'=\dfrac{(x)'\left(x^2+1\right)-x\left(x^2+1\right)'}{\left(x^2+1\right)^2}$

$=\dfrac{x^2+1-x\cdot 2x}{\left(x^2+1\right)^2}=\dfrac{-x^2+1}{\left(x^2+1\right)^2}$

---

②　① $y'=6x^2+2x-1$　　② $y'=-9x^2-6x+2$

③ $y'=12x^2-8x-5$　　④ $y'=18x^2+10x-1$

⑤ $y'=8x^3-6x^2+10x+1$　　⑥ $y'=-8x^3+3x^2-10x+2$

---

③　① $y'=-\dfrac{3}{\left(3x-2\right)^2}$　　② $y'=-\dfrac{2}{\left(3x-1\right)^2}$

③ $y'=-\dfrac{5}{\left(x-1\right)^2}$　　④ $y'=-\dfrac{7}{\left(2x+3\right)^2}$

⑤ $y'=\dfrac{-3x^2+8x+3}{\left(x^2+1\right)^2}\left(=\dfrac{-\left(3x+1\right)\left(x-3\right)}{\left(x^2+1\right)^2}\right)$

⑥ $y'=\dfrac{4x}{\left(1-x^2\right)^2}$

（解説）

① $y' = \dfrac{-(3x-2)'}{(3x-2)^2} = -\dfrac{3}{(3x-2)^2}$

② $y' = \dfrac{(2x)'(3x-1) - 2x(3x-1)'}{(3x-1)^2} = \dfrac{2(3x-1) - 2x\cdot 3}{(3x-1)^2} = -\dfrac{2}{(3x-1)^2}$

③ $y' = \dfrac{(2x+3)'(x-1) - (2x+3)(x-1)'}{(x-1)^2} = \dfrac{2(x-1) - (2x+3)}{(x-1)^2}$

$\qquad = -\dfrac{5}{(x-1)^2}$

④ $y' = \dfrac{(2-x)'(2x+3) - (2-x)(2x+3)'}{(2x+3)^2} = \dfrac{-(2x+3) - (2-x)\cdot 2}{(2x+3)^2}$

$\qquad = \dfrac{-2x-3-4+2x}{(2x+3)^2} = -\dfrac{7}{(2x+3)^2}$

⑤ $y' = \dfrac{(3x-4)'(x^2+1) - (3x-4)(x^2+1)'}{(x^2+1)^2} = \dfrac{3(x^2+1) - 2x(3x-4)}{(x^2+1)^2}$

$\qquad = \dfrac{3x^2+3-6x^2+8x}{(x^2+1)^2} = \dfrac{-3x^2+8x+3}{(x^2+1)^2} \quad \left(= \dfrac{-(3x+1)(x-3)}{(x^2+1)^2} \right)$

⑥ $y' = \dfrac{(x^2+1)'(1-x^2) - (x^2+1)(1-x^2)'}{(1-x^2)^2} = \dfrac{2x(1-x^2) - (x^2+1)(-2x)}{(1-x^2)^2}$

$\qquad = \dfrac{2x-2x^3+2x^3+2x}{(1-x^2)^2} = \dfrac{4x}{(1-x^2)^2}$

③ ① $y' = 12x(x^2-1)^5$ ② $y' = 16x(2x^2+3)^3$

③ $y' = -5(2-x)^4$ ④ $y' = 4(4x-1)(2x^2-x+2)^3$

（解説）

① $u=x^2-1$ とおくと　$y=u^6$ であって

$$\frac{dy}{dx}=\frac{dy}{du}\cdot\frac{du}{dx}=\left(u^6\right)'\left(x^2-1\right)'$$

$$=6u^5\cdot 2x=12x\left(x^2-1\right)^5$$

$y'=6\left(x^2-1\right)^5\left(x^2-1\right)'$
$=6\left(x^2-1\right)^5\cdot 2x$
$=12x\left(x^2-1\right)^5$ でもよい。

② $u=2x^2+3$ とおくと　$y=u^4$ であって

$$\frac{dy}{dx}=\frac{dy}{du}\cdot\frac{du}{dx}=\left(u^4\right)'\cdot\left(2x^2+3\right)'$$

$$=4u^3\cdot 4x=16x\left(2x^2+3\right)^3$$

$y'=4\left(2x^2+3\right)^3\left(2x^2+3\right)'$
$=4\left(2x^2+3\right)^3\cdot 4x$
$=16x\left(2x^2+3\right)^3$ でもよい。

③ $u=2-x$ とおくと　$y=u^5$ であって

$$\frac{dy}{dx}=\frac{dy}{du}\cdot\frac{du}{dx}=\left(u^5\right)'\left(2-x\right)'$$

$$=5u^4\cdot\left(-1\right)=-5\left(2-x\right)^4$$

$y'=5\left(2-x\right)^4\left(2-x\right)'$
$=5\left(2-x\right)^4\cdot\left(-1\right)$
$=-5\left(2-x\right)^4$ でもよい。

④ $u=2x^2-x+2$ とおくと　$y=u^4$ であって

$$\frac{dy}{dx}=\frac{dy}{du}\cdot\frac{du}{dx}=\left(u^4\right)'\left(2x^2-x+2\right)'$$

$$=4u^3\left(4x-1\right)$$

$$=4\left(4x-1\right)\left(2x^2-x+2\right)^3$$

$y'=4\left(2x^2-x+2\right)^3\left(2x^2-x+2\right)'$
$=4\left(4x-1\right)\left(2x^2-x+2\right)^3$ でもよい。

---

4 ① $y'=-\dfrac{3}{\left(x+2\right)^4}$　　② $y'=\dfrac{30x}{\left(1-3x^2\right)^6}$

③ $y'=-\dfrac{24}{\left(4x-5\right)^4}$　　④ $y'=\dfrac{2}{\left(9-x\right)^3}$

（解説）

① $u=x+2$ とおくと　$y=u^{-3}$ であるから

$$\frac{dy}{dx}=\frac{dy}{du}\cdot\frac{du}{dx}=\left(u^{-3}\right)'\left(x+2\right)'=-3u^{-4}\cdot 1=-\frac{3}{\left(x+2\right)^4}$$

② $u = 1 - 3x^2$ とおくと　$y = u^{-5}$ であるから

$$\frac{dy}{dx} = \frac{dy}{du} \cdot \frac{du}{dx} = \left(u^{-5}\right)' \cdot \left(1 - 3x^2\right)' = -5u^{-6} \cdot (-6x) = \frac{30x}{\left(1 - 3x^2\right)^6}$$

③ $u = 4x - 5$ とおくと　$y = 2u^{-3}$ であるから

$$\frac{dy}{dx} = \frac{dy}{du} \cdot \frac{du}{dx} = \left(2u^{-3}\right)' \left(4x - 5\right)' = -6u^{-4} \cdot 4 = -\frac{24}{\left(4x - 5\right)^4}$$

④ $u = 9 - x$ とおくと　$y = u^{-2}$ であるから

$$\frac{dy}{dx} = \frac{dy}{du} \cdot \frac{du}{dx} = \left(u^{-2}\right)' \cdot \left(9 - x\right)' = -2u^{-3} \cdot (-1) = \frac{2}{\left(9 - x\right)^3}$$

⑤ ① $y' = \dfrac{3}{5\sqrt[5]{x^2}}$　② $y' = \dfrac{5}{2}x\sqrt{x}$　③ $y' = -\dfrac{3}{4x\sqrt[4]{x^3}}$　④ $y' = -\dfrac{3}{2x^2\sqrt{x}}$

（解説）

① $y = \sqrt[5]{x^3} = x^{\frac{3}{5}}$ より

$$y' = \left(x^{\frac{3}{5}}\right)' = \frac{3}{5}x^{\frac{3}{5}-1} = \frac{3}{5}x^{-\frac{2}{5}} = \frac{3}{5}\frac{1}{\sqrt[5]{x^2}} = \frac{3}{5\sqrt[5]{x^2}}$$

② $y = x^2\sqrt{x} = x^{\frac{5}{2}}$ より

$$y' = \left(x^{\frac{5}{2}}\right)' = \frac{5}{2}x^{\frac{5}{2}-1} = \frac{5}{2}x^{\frac{3}{2}} = \frac{5}{2}x\sqrt{x}$$

③ $y = \dfrac{1}{\sqrt[4]{x^3}} = x^{-\frac{3}{4}}$ より

$$y' = \left(x^{-\frac{3}{4}}\right)' = -\frac{3}{4}x^{-\frac{3}{4}-1} = -\frac{3}{4}x^{-\frac{7}{4}} = -\frac{3}{4}\frac{1}{x\sqrt[4]{x^3}} = -\frac{3}{4x\sqrt[4]{x^3}}$$

④ $y = \dfrac{1}{x\sqrt{x}} = x^{-\frac{3}{2}}$ より

$$y' = \left(x^{-\frac{3}{2}}\right)' = -\frac{3}{2}x^{-\frac{3}{2}-1} = -\frac{3}{2}x^{-\frac{5}{2}} = -\frac{3}{2}\frac{1}{x^2\sqrt{x}} = -\frac{3}{2x^2\sqrt{x}}$$

$\boxed{6}$ ① $y' = -\dfrac{x}{\sqrt{1-x^2}}$　　　　　　　② $y' = \dfrac{2}{3\sqrt[3]{(2x-1)^2}}$

③ $y' = \dfrac{15x^2+4x-3}{2\sqrt{3x+1}}\left(=\dfrac{(5x+3)(3x-1)}{2\sqrt{3x+1}}\right)$　　　④ $y' = \dfrac{3}{2}(2x+1)\sqrt{x^2+x+1}$

⑤ $y' = \dfrac{x+1}{(2x+1)\sqrt{2x+1}}$　　　　　　⑥ $y' = \dfrac{4x}{(1-4x^2)\sqrt{1-4x^2}}$

（解説）

① $y = \sqrt{1-x^2} = (1-x^2)^{\frac{1}{2}}$

$y' = \dfrac{1}{2}(1-x^2)^{-\frac{1}{2}}(1-x^2)' = \dfrac{1}{2}\cdot\dfrac{-2x}{\sqrt{1-x^2}} = -\dfrac{x}{\sqrt{1-x^2}}$

② $y = \sqrt[3]{2x-1} = (2x-1)^{\frac{1}{3}}$

$y' = \dfrac{1}{3}(2x-1)^{-\frac{2}{3}}(2x-1)' = \dfrac{1}{3}\cdot\dfrac{2}{\sqrt[3]{(2x-1)^2}} = \dfrac{2}{3\sqrt[3]{(2x-1)^2}}$

③ $y = (x^2-1)\sqrt{3x+1} = (x^2-1)(3x+1)^{\frac{1}{2}}$

$y' = (x^2-1)'\sqrt{3x+1} + (x^2-1)\left\{(3x+1)^{\frac{1}{2}}\right\}'$

$= 2x\sqrt{3x+1} + (x^2-1)\cdot\dfrac{1}{2}(3x+1)^{-\frac{1}{2}}\cdot 3$

$= 2x\sqrt{3x+1} + \dfrac{3(x^2-1)}{2\sqrt{3x+1}} = \dfrac{4x(3x+1)+3(x^2-1)}{2\sqrt{3x+1}}$

$= \dfrac{15x^2+4x-3}{2\sqrt{3x+1}}\left(=\dfrac{(5x+3)(3x-1)}{2\sqrt{3x+1}}\right)$

④ $y = \sqrt{(x^2+x+1)^3} = (x^2+x+1)^{\frac{3}{2}}$

$y' = \dfrac{3}{2}(x^2+x+1)^{\frac{1}{2}}\cdot(x^2+x+1)' = \dfrac{3}{2}\sqrt{x^2+x+1}\cdot(2x+1)$

$= \dfrac{3}{2}(2x+1)\sqrt{x^2+x+1}$

⑤ $y' = \left(\dfrac{x}{\sqrt{2x+1}}\right)' = \dfrac{(x)'\sqrt{2x+1} - x\left\{(2x+1)^{\frac{1}{2}}\right\}'}{2x+1}$

$$= \frac{\sqrt{2x+1} - x \cdot \frac{1}{2}(2x+1)^{-\frac{1}{2}} \cdot 2}{2x+1} = \frac{1}{2x+1}\left(\sqrt{2x+1} - \frac{x}{\sqrt{2x+1}}\right)$$

$$= \frac{(2x+1) - x}{(2x+1)\sqrt{2x+1}} = \frac{x+1}{(2x+1)\sqrt{2x+1}}$$

⑥　$$y' = \left(\frac{1}{\sqrt{1-4x^2}}\right)' = \frac{-\left(\sqrt{1-4x^2}\right)'}{1-4x^2} = \frac{-\left\{\left(1-4x^2\right)^{\frac{1}{2}}\right\}'}{1-4x^2}$$

$$= -\frac{\frac{1}{2}(1-4x^2)^{-\frac{1}{2}} \cdot (-8x)}{1-4x^2} = \frac{4x(1-4x^2)^{-\frac{1}{2}}}{1-4x^2} = \frac{4x}{(1-4x^2)\sqrt{1-4x^2}}$$

[7]　①　$y' = 4\sin^3 x \cos x$　　②　$y' = -\dfrac{1}{x^2}\cos\dfrac{1}{x}$　　③　$y' = 3x^2 e^{x^3}$

④　$y' = 2^x \log 2$　　⑤　$y' = \dfrac{2x+1}{x^2+x+1}$　　⑥　$y' = \dfrac{1}{x\log x}$

（解説）

①　$u = \sin x$ とおくと　$y = u^4$

$$y' = \frac{dy}{dx} = \frac{dy}{du} \cdot \frac{du}{dx} = \left(u^4\right)'\left(\sin x\right)' = 4u^3 \cos x = 4\sin^3 x \cos x$$

②　$u = \dfrac{1}{x}$ とおくと　$y = \sin u$

$$y' = \frac{dy}{dx} = \frac{dy}{du} \cdot \frac{du}{dx} = \left(\sin u\right)'\left(\frac{1}{x}\right)' = \cos u \cdot \left(-\frac{1}{x^2}\right) = -\frac{1}{x^2}\cos\frac{1}{x}$$

③　$u = x^3$ とおくと　$y = e^u$

$$y' = \frac{dy}{dx} = \frac{dy}{du} \cdot \frac{du}{dx} = \left(e^u\right)'\left(x^3\right)' = e^u \cdot 3x^2 = 3x^2 e^{x^3}$$

④　$\left(a^x\right)' = a^x \log a$ で $a = 2$ として $\left(2^x\right)' = 2^x \log 2$ を得る。

⑤　$u = x^2 + x + 1$ とおくと　$y = \log u$

$$y' = \frac{dy}{dx} = \frac{dy}{du} \cdot \frac{du}{dx} = \left(\log u\right)'\left(x^2+x+1\right)' = \frac{1}{u} \cdot (2x+1)$$

$$= \frac{2x+1}{x^2+x+1}$$

⑥　$u = \log x$ とおくと　$y = \log|u|$

$$y' = \frac{dy}{dx} = \frac{dy}{du} \cdot \frac{du}{dx} = \left(\log|u|\right)'\left(\log x\right)' = \frac{1}{u} \cdot \frac{1}{x} = \frac{1}{x\log x}$$

⑧　①　$x(x+1)e^x$　　②　$\left(\tan x + \dfrac{1}{\cos^2 x}\right)e^x$　　③　$\sin x\left(1 + \dfrac{1}{\cos^2 x}\right)$

（解説）

①　$y' = \left\{(x^2 - x + 1)e^x\right\}' = (x^2 - x + 1)'e^x + (x^2 - x + 1)(e^x)'$

$$= (2x - 1)e^x + (x^2 - x + 1)e^x = (x^2 + x)e^x = x(x+1)e^x$$

②　$y' = (e^x\tan x)' = (e^x)'\tan x + e^x(\tan x)'$

$$= e^x\tan x + e^x \cdot \frac{1}{\cos^2 x} = \left(\tan x + \frac{1}{\cos^2 x}\right)e^x$$

③　$y' = (\sin x \tan x)' = (\sin x)'\tan x + \sin x(\tan x)'$

$$= \cos x \cdot \frac{\sin x}{\cos x} + \sin x \cdot \frac{1}{\cos^2 x} = \sin x\left(1 + \frac{1}{\cos^2 x}\right)$$

⑨　①　$y' = \dfrac{2}{\sqrt{1 - 4x^2}}$　　②　$y' = -\dfrac{2x}{\sqrt{1 - x^4}}$　　③　$y' = \dfrac{\cos x}{1 + \sin^2 x}$

④　$y' = \dfrac{1}{2\sqrt{x - x^2}}$　　⑤　$y' = -\dfrac{1}{2\sqrt{x}\,(1 + x)}$

（解説）

① $\dfrac{dy}{dx} = \dfrac{dy}{du} \cdot \dfrac{du}{dx} = \left(\text{Sin}^{-1}u\right)'\left(2x\right)' = \dfrac{1}{\sqrt{1-u^2}} \cdot 2 = \dfrac{2}{\sqrt{1-4x^2}}$

② $\dfrac{dy}{dx} = \dfrac{dy}{du} \cdot \dfrac{du}{dx} = \left(\text{Cos}^{-1}u\right)'\left(x^2\right)' = -\dfrac{1}{\sqrt{1-u^2}} \cdot 2x = -\dfrac{2x}{\sqrt{1-x^4}}$

③ $\dfrac{dy}{dx} = \dfrac{dy}{du} \cdot \dfrac{du}{dx} = \left(\text{Tan}^{-1}u\right)'\left(\sin x\right)' = \dfrac{1}{1+u^2} \cdot \cos x = \dfrac{\cos x}{1+\sin^2 x}$

④ $\dfrac{dy}{dx} = \dfrac{dy}{du} \cdot \dfrac{du}{dx} = \left(\text{Sin}^{-1}u\right)'\left(\sqrt{x}\right)' = \dfrac{1}{\sqrt{1-u^2}} \cdot \dfrac{1}{2\sqrt{x}} = \dfrac{1}{2\sqrt{x}\sqrt{1-x}}$

$\qquad = \dfrac{1}{2\sqrt{x-x^2}}$

⑤ $\dfrac{dy}{dx} = \dfrac{dy}{du} \cdot \dfrac{du}{dx} = \left(\text{Tan}^{-1}u\right)'\left(\dfrac{1}{\sqrt{x}}\right)' = \dfrac{1}{1+u^2}\left(x^{-\frac{1}{2}}\right)'$

$\qquad = \dfrac{1}{1+\dfrac{1}{x}}\left(-\dfrac{1}{2} \cdot \dfrac{1}{x\sqrt{x}}\right) = -\dfrac{1}{2\sqrt{x}\left(1+x\right)}$

10　① $y' = -\dfrac{2x}{\sqrt{1-x^4}}$　　② $y' = \dfrac{\cos x}{1+\sin^2 x}$　　③ $y' = \dfrac{1}{2\sqrt{x-x^2}}$

　　④ $y' = -\dfrac{1}{2\sqrt{x}\left(1+x\right)}$

（解説）

① $y' = -\dfrac{1}{\sqrt{1-\left(x^2\right)^2}} \cdot \left(x^2\right)' = -\dfrac{2x}{\sqrt{1-x^4}}$

② $y' = \dfrac{1}{1+\left(\sin x\right)^2} \cdot \left(\sin x\right)' = \dfrac{\cos x}{1+\sin^2 x}$

③ $y' = \dfrac{1}{\sqrt{1-\left(\sqrt{x}\right)^2}} \cdot \left(\sqrt{x}\right)' = \dfrac{1}{\sqrt{1-x}} \cdot \dfrac{1}{2\sqrt{x}} = \dfrac{1}{2\sqrt{x}\sqrt{1-x}} = \dfrac{1}{2\sqrt{x-x^2}}$

④ $y' = \dfrac{1}{1+\left(\dfrac{1}{\sqrt{x}}\right)^2} \cdot \left(\dfrac{1}{\sqrt{x}}\right)' = \dfrac{1}{1+\dfrac{1}{x}}\left(x^{-\frac{1}{2}}\right)' = \dfrac{1}{1+\dfrac{1}{x}}\left(-\dfrac{1}{2}\right)\dfrac{1}{x\sqrt{x}}$

$\quad = -\dfrac{1}{2\sqrt{x}\left(1+x\right)}$

11　① $y' = \dfrac{1}{\sqrt{-x^2+3x-2}}$　　② $y' = \dfrac{2x}{1+x^4}$

③ $y' = \dfrac{6x}{1+9x^4}$　　　　　④ $y' = \dfrac{2x+1}{\sqrt{-x^4-2x^3+x^2+2x}}$

⑤ $y' = \dfrac{1}{x^2+1}$　　　　　⑥ 0

（解説）

① $y' = \dfrac{(2x-3)'}{\sqrt{1-(2x-3)^2}} = \dfrac{2}{\sqrt{1-(2x-3)^2}} = \dfrac{2}{\sqrt{-4x^2+12x-8}}$

$\quad = \dfrac{2}{2\sqrt{-x^2+3x-2}} = \dfrac{1}{\sqrt{-x^2+3x-2}}$

② $y' = \dfrac{(x^2)'}{1+(x^2)^2} = \dfrac{2x}{1+x^4}$

③ $y' = \dfrac{(3x^2)'}{1+(3x^2)^2} = \dfrac{6x}{1+9x^4}$

④ $y' = \dfrac{(x^2+x-1)'}{\sqrt{1-(x^2+x-1)^2}} = \dfrac{2x+1}{\sqrt{1-(x^4+2x^3-x^2-2x+1)}}$

$\quad = \dfrac{2x+1}{\sqrt{-x^4-2x^3+x^2+2x}}$

⑤　$y' = \dfrac{1}{1 + \left(\dfrac{x-1}{x+1}\right)^2}\left(\dfrac{x-1}{x+1}\right)' = \dfrac{1}{1 + \dfrac{(x-1)^2}{(x+1)^2}} \cdot \dfrac{(x+1) - (x-1)}{(x+1)^2}$

$\quad = \dfrac{2}{(x+1)^2 + (x-1)^2} = \dfrac{2}{2x^2 + 2} = \dfrac{1}{x^2 + 1}$

⑥　$y' = \dfrac{1}{1 + x^2} + \dfrac{1}{1 + \left(\dfrac{1}{x}\right)^2} \cdot \left(\dfrac{1}{x}\right)' = \dfrac{1}{1 + x^2} + \dfrac{1}{1 + \dfrac{1}{x^2}} \cdot \left(-\dfrac{1}{x^2}\right)$

$\quad = \dfrac{1}{1 + x^2} - \dfrac{1}{x^2 + 1} = 0$

12　①　$y' = \dfrac{6x + 1}{3x^2 + x + 1}$　　②　$y' = -\tan x$　　③　$y' = \dfrac{1}{\sin x \cos x}$

（解説）

①　$y' = \dfrac{\left(3x^2 + x + 1\right)'}{3x^2 + x + 1} = \dfrac{6x + 1}{3x^2 + x + 1}$

②　$y' = \dfrac{\left(\cos x\right)'}{\cos x} = \dfrac{-\sin x}{\cos x} = -\tan x$

③　$y' = \dfrac{\left(\tan x\right)'}{\tan x} = \dfrac{\cos x}{\sin x} \cdot \dfrac{1}{\cos^2 x} = \dfrac{1}{\sin x \cos x}$

第4章　練習問題の解答

$\boxed{1}$　① 1　　② $\dfrac{1}{2}$　　③ $\log\dfrac{3}{2}$　　④ 0

（解説）

① $\displaystyle\lim_{x\to 0}\frac{e^x-\cos x}{x}=\lim_{x\to 0}\frac{\left(e^x-\cos x\right)'}{\left(x\right)'}=\lim_{x\to 0}\left(e^x+\sin x\right)=1$

② $\displaystyle\lim_{x\to 0}\frac{x-\log(1+x)}{x^2}=\lim_{x\to 0}\frac{\left\{x-\log(1+x)\right\}'}{\left(x^2\right)'}=\lim_{x\to 0}\frac{1-\dfrac{1}{1+x}}{2x}$

$\displaystyle =\lim_{x\to 0}\frac{x}{2x(1+x)}=\lim_{x\to 0}\frac{1}{2(1+x)}=\frac{1}{2}$

③ $\displaystyle\lim_{x\to 0}\frac{3^x-2^x}{x}=\lim_{x\to 0}\frac{\left(3^x-2^x\right)'}{\left(x\right)'}=\lim_{x\to 0}\left(3^x\log 3-2^x\log 2\right)$

$\displaystyle =\log 3-\log 2=\log\frac{3}{2}$

④ $\displaystyle\lim_{x\to\frac{\pi}{2}}\left(\tan x-\frac{1}{\cos x}\right)=\lim_{x\to\frac{\pi}{2}}\frac{\sin x-1}{\cos x}=\lim_{x\to\frac{\pi}{2}}\frac{\left(\sin x-1\right)'}{\left(\cos x\right)'}$

$\displaystyle =\lim_{x\to\frac{\pi}{2}}\frac{\cos x}{-\sin x}=0$

$\boxed{2}$

(1)　① $f'(x)=-\dfrac{1}{(1+x)^2},\quad f''(x)=\dfrac{2}{(1+x)^3},\quad f'''(x)=-\dfrac{6}{(1+x)^4}$

② $f(0)=1,\quad f'(0)=-1,\quad f''(0)=2,\quad f'''(0)=-6$

③ $\dfrac{1}{1+x}=1-x+x^2-x^3+R_4$

（解説）

① $f(x) = \dfrac{1}{1+x} = (1+x)^{-1}$, $f'(x) = -(1+x)^{-2} = -\dfrac{1}{(1+x)^2}$

$f''(x) = -(-2)(1+x)^{-3} = \dfrac{2}{(1+x)^3}$

$f'''(x) = 2 \cdot (-3)(1+x)^{-4} = -\dfrac{6}{(1+x)^4}$

② $f(0) = \dfrac{1}{1} = 1$, $f'(0) = -\dfrac{1}{1} = -1$, $f''(0) = \dfrac{2}{1} = 2$, $f'''(0) = -\dfrac{6}{1} = -6$

③ $\dfrac{1}{1+x} = f(0) + f'(0)x + \dfrac{f''(0)}{2!}x^2 + \dfrac{f'''(0)}{3!}x^3 + R_4 = 1 - x + \dfrac{2}{2}x^2 - \dfrac{6}{6}x^3 + R_4$

　　$= 1 - x + x^2 - x^3 + R_4$

(2)　① $f'(x) = \dfrac{1}{1+x^2}$, $f''(x) = -\dfrac{2x}{(1+x^2)^2}$, $f'''(x) = \dfrac{2(3x^2-1)}{(1+x^2)^3}$

　　② $f(0) = 0$, $f'(0) = 1$, $f''(0) = 0$, $f'''(0) = -2$

　　③ $\mathrm{Tan}^{-1}x = x - \dfrac{1}{3}x^3 + R_4$

（解説）

① $f'(x) = \dfrac{1}{1+x^2} = (1+x^2)^{-1}$, $f''(x) = -(1+x^2)^{-2} \cdot 2x = -\dfrac{2x}{(1+x^2)^2}$

$f'''(x) = -\dfrac{2(1+x^2)^2 - 2x \cdot 2(1+x^2) \cdot 2x}{(1+x^2)^4} = -\dfrac{2(1+x^2) - 8x^2}{(1+x^2)^3}$

　　$= -\dfrac{2-6x^2}{(1+x^2)^3} = \dfrac{2(3x^2-1)}{(1+x^2)^3}$

② $f(0) = 0$, $f'(0) = 1$, $f''(0) = 0$, $f'''(0) = -2$

③ $\mathrm{Tan}^{-1}x = f(0) + f'(0)x + \dfrac{f''(0)}{2!}x^2 + \dfrac{f'''(0)}{3!}x^3 + R_4$

$\qquad\qquad = x + \dfrac{-2}{3!}x^3 + R_4 = x - \dfrac{1}{3}x^3 + R_4$

(3) ① $f'(x) = \dfrac{1}{2}(1+x)^{-\frac{1}{2}}, \quad f''(x) = -\dfrac{1}{4}(1+x)^{-\frac{3}{2}}, \quad f'''(x) = \dfrac{3}{8}(1+x)^{-\frac{5}{2}}$

② $f(0) = 1, \quad f'(0) = \dfrac{1}{2}, \quad f''(0) = -\dfrac{1}{4}, \quad f'''(0) = \dfrac{3}{8}$

③ $\sqrt{1+x} = 1 + \dfrac{1}{2}x - \dfrac{1}{8}x^2 + \dfrac{1}{16}x^3 + R_4$

（解説）

① $f(x) = \sqrt{1+x} = (1+x)^{\frac{1}{2}}, \quad f'(x) = \dfrac{1}{2}(1+x)^{-\frac{1}{2}}$

$\qquad f''(x) = \dfrac{1}{2}\left(-\dfrac{1}{2}\right)(1+x)^{-\frac{3}{2}} = -\dfrac{1}{4}(1+x)^{-\frac{3}{2}}$

$\qquad f'''(x) = -\dfrac{1}{4}\left(-\dfrac{3}{2}\right)(1+x)^{-\frac{5}{2}} = \dfrac{3}{8}(1+x)^{-\frac{5}{2}}$

② $f(0) = 1, \quad f'(0) = \dfrac{1}{2}, \quad f''(0) = -\dfrac{1}{4}, \quad f'''(0) = \dfrac{3}{8}$

③ $\sqrt{1+x} = f(0) + f'(0)x + \dfrac{f''(0)}{2!}x^2 + \dfrac{f'''(0)}{3!}x^3 + R_4$

$\qquad\qquad = 1 + \dfrac{1}{2}x + \dfrac{1}{2}\left(-\dfrac{1}{4}\right)x^2 + \dfrac{1}{6}\cdot\dfrac{3}{8}x^3 + R_4$

$\qquad\qquad = 1 + \dfrac{1}{2}x - \dfrac{1}{8}x^2 + \dfrac{1}{16}x^3 + R_4$

memo

【著者紹介】

丸井洋子（まるい　ようこ）　　博士（理学）

　　学　歴　大阪大学大学院理学研究科博士後期課程修了（2004）
　　職　歴　大阪工業大学（2004 ～）
　　　　　　東洋食品工業短期大学（2005 ～）
　　　　　　産業技術短期大学（2011 ～）
　　　　　　大阪大学（2021 ～ 2022）

【大学数学基礎力養成】
微分の教科書　新装版

2017年10月20日　　第 1 版 1 刷発行　　　　　ISBN 978-4-501-63460-5 C3041
2023年10月20日　　第 2 版 1 刷発行

著　者　丸井洋子
　　　　© Marui Yoko 2017, 2023

発行所　学校法人　東京電機大学　　〒120-8551 東京都足立区千住旭町 5 番
　　　　東京電機大学出版局　　　　Tel. 03-5284-5386（営業） 03-5284-5385（編集）
　　　　　　　　　　　　　　　　　Fax. 03-5284-5387 振替口座 00160-5-71715
　　　　　　　　　　　　　　　　　https://www.tdupress.jp/

印刷：新灯印刷㈱　　製本：渡辺製本㈱
装丁：福田和夫（FUKUDA DESIGN）
落丁・乱丁本はお取り替えいたします。　　　　　　　　Printed in Japan